그 고민, 우리라면
수학으로
해결합니다!

SONONAYAMI, BOKURANARA SUGAKU DE KAIKETSUDEKIMASU!
by Hanao, Dengan, Hyojun kim, Sun
Copyright © UUUM co., Ltd., 2020
All rights reserved.
Original Japanese edition published by KAWADE SHOBO SHINSHA Ltd. Publishers
Korean translation copyright © 2021 by OpenScience / Open World
This Korean edition published by arrangement with KAWADE SHOBO SHINSHA Ltd.
Publishers, Tokyo, through HonnoKizuna, Inc., Tokyo, and Korea Copyright Center
Inc.(KCC)

〈Original Book Staff〉
Book Design: Emiko Oono (studio Maple)
Illustration: Asami Yanai
Photographs: Tetsuya Noji

수학 유튜버들의 기발한 수학 사용법

그 고민, 우리라면

수학으로

$y = 2x^2$

해결 **********—⊕

합니다!

하나오
덴간
김효준
승
지음

이정현
옮김

열린X
과학

## 시작하며
*＊＊＊＊＊＊＊＊

학생들을 대상으로 자신 없는 과목이 무엇인지 조사했을 때 1위를 차지한 과목은 무엇일까? 바로 수학이야. 물론 조사한 연도에 따라서 조금씩 차이가 있긴 하지만, 이 결과는 수학이 많은 학생을 괴롭히고 있는 현실을 보여 줘.

"sin? cos? 무슨 뜻인지 전혀 모르겠어. ㅋㅋㅋ"(고등학교 2학년 남자), "영어 같은 거야 이해가 되지만, 수학은 도대체 언제 써 먹을 수 있는 거야?"(중학교 3학년 남자), "증명은 또 뭐야? 진짜 이상하다니까."(중학교 2학년 여자).

웃을지도 모르겠지만, 이게 수학을 향한 학생들의 살아 있는 반응이야. 수식이 난해하고 논리가 어렵다는 이유로 괴로워하는 학생들이 정말 많지.

이건 비단 학생들만의 문제가 아니야. 이 책을 펼친 독자들 중에는 학창 시절에 좌절을 경험한 사회인들도 있을 거야. 왜 그럴까?

이유는 여러 가지가 있겠지만, 나는 '수학은 재미없다'는 믿음이 결정적인 원인이라고 생각해.

수학을 공부하려고 하면 논리적 사고를 마주하게 되고 얼른 그 자리에서 도망치고 싶어져. 그뿐 아니라 '재미없는 과목'이라고 세뇌라도 당한 게 아닐까 하는 생각마저 들어. 실제로 내가 학원에서 학생들을 가르쳤을 때도, 처음부터 수학은 싫다고 단정하는 아이들이 많았거든.

그래서 이 책을 쓰게 됐어. '수학을 재미있게 접하는 방법은 없을까?' 하는 고민에서 이 책이 시작된 거야.

'늘 5분씩 지각을 해요', '연애하고 싶어요' 같은 고민에 대해서 난해한 수식은 최대한 걷어내고 수학적인 이야기를 전개하여 해결책을 찾아보았어.

이 책은 수학을 가르치는 교과서가 아니라 가벼운 코미디에 수학을 조금씩 섞은, 수학×웃음을 담은 책이야. '수학으로 이렇게까지 즐겁게 놀 수 있다니!' 하고 수학의 매력에 눈뜰 수 있도록 재밌는 책을 쓰려고 노력했어. 많은 사람이 수학이라는 과목에 관심을 가지고, 재미없어 → 더 알고 싶어!로 변화시켜 줄 씨앗을 품은 책이지. 그럼, 마음껏 즐겨 줘.


제작 총괄 덴간

# 차 례
*****

―――― column ―――― 수학 또는 우리들 이야기 ――――――――

*칼럼에서는 수학을 더욱 가깝게 느낄 수 있는 이야기를 담아 보았어.
그리고 우리들의 개인적인 경험이나 생각도 써 두었으니 꼭 읽어 주기를 바랄게.

# 이 책의 등장 인물
****************

### 하나오

이 책의 크리에이티브 담당. 오사카대학 기초공학부 졸업. 시가현 출신. 눈부신 창의력을 발휘하여 이 책의 디자인 시안을 만들었다. 고등학교 때 나고야 대학 입학시험 모의고사에서 합격선을 넘겼으나 방심하는 바람에 실제 입학시험에서는 불합격했다. 재수 끝에 오사카대학에 입학해 덴간과 만났다. 대학 합격자 발표를 확인하는 순간은 유튜브에서 영상으로 확인할 수 있다.

### 덴간

이 책의 제작 총괄. 오사카대학 기초공학부 졸업. 효고현 출신. 대기업 회사원, 유튜버, 5년간의 입시 학원 강사라는 다양한 경력을 살려서 이 책의 제작 총괄을 맡았다. 현재는 유튜브에서 하나오·덴간 채널을 운영 중이고, 교육업에도 관심이 있다.

### 김효준

이 책의 수학 담당. 오사카대학 이학부 수학과 졸업. 시즈오카현 출신. 압도적인 수학 실력으로 이 책을 만드는 데 참여하게 되었으며 칼럼도 몇 편 썼다. 2016년에 적분 서클의 신입 회원 환영회에서 하나오와 덴간을 처음 만났다. 보통 사람에 비해 화장실에 머무는 시간이 긴 편이다.

### 승

이 책의 물리와 화학 담당. 오사카대학 이학부 화학과 재학 중. 가나가와현 출신. 수학이 주인공인 이 책에서 자꾸 물리와 화학 이야기로 빠지고 마는 현역 대학생. 겉모습과 인상만으로는 조금 어수룩해 보이지만, 실제로는 그럭저럭 야무진 구석이 있다.

# 제 1 장

# 사소한
# 고민

# 늘 5분씩 지각을 해요

'지각을 하는 나쁜 습관이 있어요. 어떻게 해야 고칠 수 있을까요?'라는 고민이군. 그런 사람들이 있지. 왠지 매번 늦는 사람. 사실은 우리 중에도 한 명 있어. ㅋㅋㅋ

김효준이 자기 일처럼 얘기해 줄 수 있을 것 같은데 말이야. ㅋㅋㅋ

내가 한마디 해도 될까?

물론이지.

그 습관은 말이죠…… 고칠 수 없습니다!

고칠 수 있습니다!

……

ㅋㅋㅋ    ㅋㅋㅋㅋㅋㅋ

도대체 왜 지각을 하는 거야?

혹시 죄책감을 못 느끼는 건가?

뭐야, 너무하잖아. 나도 지각하고 싶지 않다고.

그럼 집에서 조금만 일찍 출발하면 되잖아.

……

왜 지각을 하는 것인지, 나 나름대로 가설을 세워 봤어.

지각에는 다음의 세 가지 요인이 관련되어 있어.

$x$ : 모임의 분위기

→ 낮을수록 긴장감이 없으므로 지각하기 쉽다.

예) 회사는 긴장감이 있으므로 100에 가깝고, 동아리는 0에 가깝다.

$x$
100 ― 긴장감이 있다

0 ― 긴장감이 없다

$y$ : 지금 바쁜 정도

→ 낮을수록 그 약속에 전념할 수 있으므로 거의 지각하지 않는다.

예) 여러 가지 일을 떠안고 있는 매우 바쁜 사람은 100에 가깝고, 한가한 사람은 0에 가깝다.

$y$
100 ― 매우 바쁘다

0 ― 전혀 바쁘지 않다

$z$ : 모임에 대한 충성도

→ 낮을수록 가벼운 마음으로 참여하므로 지각하기 쉽다.

예) 리더는 100에 가깝고, 유령 멤버는 0에 가깝다.

$z$
100 ― 충성도가 높다

0 ― 충성도가 낮다

이 세 가지 변수에 따라서 지각을 하는지 안 하는지가 정해져.
공식으로 나타내면 다음과 같아.

late의 'L' → $$L = x - y + z \geq 100$$

L의 값이 큰 사람일수록 지각하지 않아.

↳ 100 이상인 사람은
지각을 하지 않는 사람일 거야, 아마도……

   우와~!

 근데 충성도란 건 뭐야?

 상대방을 소중히 여기는 마음 같은 거 말이야……. 좋아하는 여자친구와의
데이트에는 지각하지 않잖아? 그건 상대방을 중요하게 생각하기 때문이지.

그럼 실제로 계산해 볼까?

지각의 3변수 함수 이론 (계속)

신입사원 A가 있다.
회사는 긴장감이 있는 곳이므로 $x = 90$
신입사원이라 그렇게 바쁘지는 않으므로 $y = 10$
충성도는 어느 정도 있으므로 $z = 50$
이 값을 수식에 대입해 보자.

$$L = 90 - 10 + 50 = 130$$

L의 값이 높은 A는 회사에 지각하지 않을 거야!

   그렇구나~

 그럼 김효준의 경우는 어떻게 되는 거야?

 다음과 같이 계산할 수 있지.

\*주식회사 호에이: 이 책의
주인공들이 소속된 또 다
른 유튜브 채널

$x$ : 호에이\*의 모임은 엄격하지 않다 → 10

$y$ : 대학교 수업이 거의 다 끝나서 한가하다 → 10

$z$ : 상대를 배려하는 마음을 찾아보기 어렵다 → 50

$$L = 10 - 10 + 50 = 50$$

 +50이라니! 100보다 꽤 낮잖아?! 지각할 만하네. ㅋㅋㅋ

 우리 모임(호에이)을 만만하게 보는구나. ㅋㅋㅋ

 그런 거 아니라니까! 충성도도 있다고! 이제부터 $x$ 값을 키워서 호에

이 전체에 지각하지 않는 분위기를 만들어 보자.

  네가 할 말은 아니잖아~ ㅋㅋㅋ

## 그 고민, 우리라면
# 수학으로 해결합니다!

 내가 생각해 봤는데, 지각이라는 게 단순한 산수 문제일지도 몰라.

 어떻게?

### 시간 계산을 다시 해 보자 <시간 계산>

지각을 자주 하는 사람은 평소라면 걸어서 15분 걸리는 거리를 '빠르게 걸으면 10분 만에 갈 수 있어'라고 생각하는 것 같아. 다들 아래의 그림을 본 적 있을 거야.

거리, 시간, 속력의 관계도

거리 ÷ 시간 = 속력

거리 ÷ 속력 = 시간

시간 × 속력 = 거리

역까지 거리가 1km이고, 시속 4km로 걷는 사람이라면,

$$1 \div 4 = 0.25$$

$$0.25 \times 60분 = 15분$$

이 되니까, **역까지 15분 걸릴 거**라고 예상할 수 있어.
그런데 지각하는 사람들은 이런 계산 자체를 못하는 것 같아.
**구글 맵**을 사용하는 사람들이 많을 텐데, 거기에는 걷는 속력이 4.8km/h로 설정되어 있다고 해. 하지만 그 사실을 모르는 사람도 많지. 자신이 걷는 속력이 그보다 느리다면 구글 맵에 나오는 예상 도착 시간보다 늦는데, 애초에 그 사실을 모르는 게 아닐까? 그래서 예상 도착 시간과 실제 도착 시간에 차이가 나는 거지.

 나도 그런 것 같아.

지각하는 사람과 하지 않는 사람의 차이를 보여 주는 그림을 그려 볼게.

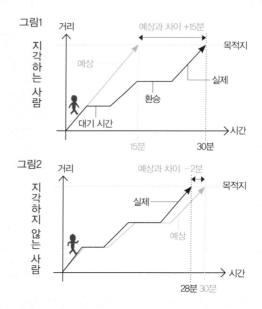

그림1

지각하는 사람

그림2

지각하지 않는 사람

그림 1은 지각을 자주 하는 사람, 그림 2는 지각을 거의 하지 않는 사람의 예상과 실제 도착 시간을 그래프로 나타낸 것이야.

그림 1에서는 머릿속으로 15분 만에 도착할 거라고 예상했지만, 실제로는 30분이 걸렸다는 사실을 보여 주고 있어.

즉, 예상한 시간과 15분(30-15=15분) 차이가 생긴 거야.

아마 횡단보도에서 신호를 기다리거나 지하철역에서 지하철을 기다리는 시간, 환승하는 시간을 고려하지 않았겠지. 걷는 속도가 느렸을지도 모르고.

한편 그림 2에서는 예상대로(예상 시간보다 일찍) 도착했어. 즉, 지각을 자주 하는 사람에 비해 목적지까지 가는 데 시간이 얼마나 걸릴지 정확하게 추측할 수 있다는 뜻이지.

두 그림을 보면 지각하지 않는 사람에 비해 지각하는 사람이 얼마나 생각을 안 하는지 한눈에 알 수 있어. 이렇게 수학에서 그래프는 눈으로 보면서 상황을 파악할 수 있게 해 주는 멋진 아이템이야.

 일단 그래프부터 그려보는 건 우리 같은 이과생들에게는 기본이지.

 수학과인 김효준이 그걸 안 한다는 것도 신기하네.

나도 하고 있어. 하지만 난 그 전 단계가 문제야.

전 단계라니?

예를 들어, 약속 시간이 10시이고 약속 장소까지 30분 걸린다고 해. 그럼 9시 30분에는 집에서 출발해야 하니까 8시 30분에 일어나. 그런 데 9시 30분에 출발을 못 하는 거야.

왜?

그래서 지금 생각난 건데, 집에서 출발하기 전까지의 행동을 루틴으로 만들면 좋을 것 같아.

## 내가 정한 아침 루틴

① 샤워　　　　　　　　　: 10분
② 면도, 세수　　　　　　 : 10분
③ 자외선 차단제 바르기 : 5분
④ 양치질　　　　　　　　: 5분
⑤ 옷 입기　　　　　　　 : 5분
⑥ 헤어 왁스 바르기　　 : 10분

전부 더해서 45분이라…… 너무 오래 걸리잖아?! 빨리빨리 움직이지 못하는 게 문제야?

근데 이렇게 종이에 써 놓고 보니 꽤 바른 생활 어린이 같잖아. ㅋㅋㅋ

초등학생 같잖아. ㅋㅋㅋ 자, 김효준 어린이 내일부터는 잘할 수 있겠죠?

네~!

근데 이걸로 지각하는 습관을 고칠 수 있을 것 같지는 않아. 그래서 죄책감 장벽 이론을 추가하고 싶어.

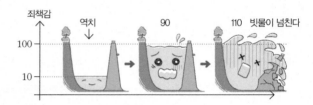

## 죄책감 장벽 이론 <함수>

위의 그림처럼 죄의식의 빗물이 일정량(역치*)을 넘는 시점에 지각하지 않게 된다는 이론이야.

인간의 마음에는 항아리(댐) 같은 게 있어서, 그 속에 죄의식의 빗물이 서서히 차는데, 역치를 넘어서 죄책감 장벽이 무너지면 죄의식이 온 마음을 뒤덮어서 더 이상 지각을 하지 않게 된다는 말이지.

**\*역치:** 생물에게 어떤 반응을 일으키기 위한 최소한의 자극 세기(위의 그래프에서는 100을 넘으면 죄책감이 최대가 된다)

[보충]

역치에 빨리 도달하려면 지각하는 횟수를 늘리면 돼. 그리고 죄의식이 줄지 않도록 하는 게 포인트야!

그러려면 단기간에, 그러니까 죄의식이 없어지기 전에 지각을 가능한 한 많이 하면 돼.

즉, 우리들이 김효준을 열심히 응원해서 짧은 시간 동안 지각 횟수를 늘려 주는 게 중요하단 말씀이지!

그야말로 **사랑이 가득 담긴 해결책**이야.

 흑흑, 정말 감동의 눈물이 나는구나! 이제 절대로 지각 안 해!

 정말이지? ㅋㅋㅋ

 정리

김효준만을 위한 특별 수업처럼 되어 버렸지만, 이건 누구에게나 도움이 되는 이론이야.

마지막으로 '약속 시간을 9시 30분~10시처럼 범위로 정하는 것'도 추가하고 싶어. 수학에서 말하는 정의역처럼 말이야.

약속 시간을 한 점이 아닌 범위로 정하면 '그 사이에 언제든 도착하면 된다'고 생각해서 약속 시간을 지키기 쉬워지거든.

# 함수란 무엇일까?

이번 고민을 해결하면서 함수의 사고법을 썼는데, 도대체 함수란 뭘까?
교과서에서는 이렇게 설명하고 있어.

"두 변수 $x$, $y$에 대하여 $x$의 값이 변함에 따라 $y$의 값이 하나씩 정해지는
관계가 성립할 때, $y$를 $x$의 함수라고 한다."

이게 무슨 말인가 싶지? 그래서 이번 칼럼에서는 함수란 도대체 무엇인
지 대략적인 이미지를 알아보려고 해.
먼저, 함수에서 '함'은 상자를 뜻하는 한자 '函'이야. 보석함, 사서함의 '함'
이지.
동전 교환기를 예로 들어 볼까? 지폐를 넣으면 동전이 와르르 쏟아지는
커다란 금속 상자를 떠올려 봐.
어떤 구조로 이루어져 있는지는 모르지만, 어쨌든 '1,000원'짜리 지폐를
넣으면 100원짜리 동전 '10개'로 바꿔주잖아. 즉, 동전 교환기는 '1000'을
넣으면 '10'이 나오는 상자인 거야.
그럼 이 동전 교환기에 10,000원짜리 지폐를 넣으면 어떻게 될까?
100원짜리 동전이 100개 나올 거야. 그걸 식으로 나타내면,

> 10,000원 ÷ 100원 = 100개 　　분수로 만들면 → $\dfrac{10000}{100} = 100$

그렇다면 $x$원을 넣으면 어떻게 될까?

> $x$ 원 ÷ 100원 = $\dfrac{x}{100}$ 개 　　100원짜리 동전이 $\dfrac{x}{100}$ 개 나올 거야.

따라서 동전 교환기는 $x$원을 넣으면, 100원짜리 동전의 개수를 뜻하는
$y$가 $\dfrac{x}{100}$ 가 되는, $\dfrac{x}{100}$ 라는 '상자'인 것이지.
이렇게 $x$를 넣으면 $y$가 되어 나오는 상자를 함수라고 해.

# 뭐든지 다른 사람과 비교해요

다른 사람과 비교하면서 금방 우울해진다.
그런 자신을 어떻게든 바꾸고 싶다······.
열등감과는 거리가 먼 우리들이 이 고민에
어떻게 대답할 수 있을까?

중학생 때도 친구들과 비교하면서 주눅 든 적 없었어?

나는 뒤떨어지는 부분이 전혀 없었거든.

우우~ ㅋㅋㅋ

놀랍다, 놀라워.

진짜 여러 방면에서 뛰어났다니까. 그런데도 열등감 같은 게 있었던 것 같아.

정말?

하나오는 축구도 잘했지?

하지만 중학교 때는 체격이 엄청 작았거든······. 그래서 고등학교 때 요트부에 들어간 거야. 사람도 적고, 그곳에서라면 남들보다 잘할 수 있지 않을까 해서.

그거! 이번 고민의 해답이잖아?!

잘할 수 있을 것 같은 분야에서 승부한다!

말 되네, 그거!

이게 바로  토끼와 거북이 이론이야.

응? 무슨 뜻이야, 그게?

거북이가 토끼를 이기려면 어떻게 해야 할까?

달리기로 승부를 가리지 않는다!

단단함으로 승부한다!

 ㅋㅋㅋ

정말로 지는 일은 없겠네. ㅋㅋㅋ

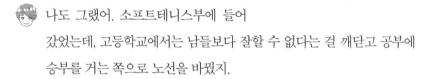

그러려면 자신 있는 분야를 찾아야 해!

나도 그랬어. 소프트테니스부에 들어
갔었는데, 고등학교에서는 남들보다 잘할 수 없다는 걸 깨닫고 공부에
승부를 거는 쪽으로 노선을 바꿨지.

둘 다 포기할 줄 알았다는 게 대단하네.

조금만 더 노력하면 성공의 실마리가 보일 거라는 생각에 놓지 못하는
경우도 많으니까 말이야.

 맞아, 맞아.

그러니까 기한을 정해 놓고 노력하는 게 중요한 것 같아.

유튜브랑 비슷하네. "구독자 1만 명을 달성하지 못하면 그만둘 거야."
같은 말을 많이들 하잖아.

하나오는 정반대였지. 1만 명이 되면 그만둔다더니 지금은 170만 명
이 넘었어.

# 그 고민, 우리라면
## 수학으로 해결합니다!

🧑 다른 사람과 자신을 비교하면서 우울해진다는 고민이었는데, 애초에 비교하지 않는 건 불가능해.

🧑 혼자서 사는 세상이 아니니까 말이야.

🧑 맞아. 중요한 건 다른 사람과 비교할 때 하더라도 우울해지지 않는 거야. 그래서 이런 순서도를 한번 만들어 봤어.

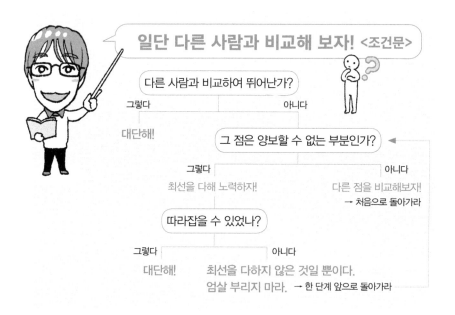

일단 다른 사람과 비교해 보자! <조건문>

다른 사람과 비교하여 뛰어난가?

그렇다 ─ 대단해!

아니다 ─ 그 점은 양보할 수 없는 부분인가?

그렇다 ─ 최선을 다해 노력하자!

아니다 ─ 다른 점을 비교해보자!
→ 처음으로 돌아가라

따라잡을 수 있었나?

그렇다 ─ 대단해!

아니다 ─ 최선을 다하지 않은 것일 뿐이다.
엄살 부리지 마라. → 한 단계 앞으로 돌아가라

🧑 이게 뭐야! 무서워! ㅋㅋㅋ

🧑 다른 사람보다 뛰어나면 대단한 거지.

🧑 그렇지만 '아니다'인 경우는 너무하지 않아?

따라잡지 못한다 → 최선을 다해 노력한다 → '엄살 부리지 마라'라며 혼난다 → 그래도 따라잡지 못한다 → 최선을 다해 노력한다 → '엄살 부리지 마라'라며 혼난다······.

ㅋㅋㅋ 절망의 도돌이표잖아. ㅋㅋㅋ

아니야. '양보할 수 없는 부분'이 아니라면 처음으로 돌아가면 돼.

그러니까 결국 '양보하겠다'고 말하기만 하면 된다는 거야?

맞아. 얼마나 양보하는가의 문제야. 매달리지 말라는 이야기지.

그렇구나~

즉, '타협하고 또 타협하라' 이론!

아니야! '자신이 활약할 수 있는 영역을 찾아보자' 이론이야!

하긴 타협하는 것도 중요하지.

맞아. 사실 나도 비슷한 이론을 생각해 봤어. 바로 '도망치는 건 부끄럽지만 지는 건 아니다' 이론이야.

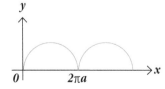

## '도망치는 건 부끄럽지만 지는 건 아니다' 이론 <해법>

지금 노력하고 있는 분야에서 벗어나 자신이 활약할 수 있는 새로운 영역을 발견하는 건 흔히 있는 일이야. 수학에서도 비슷한 개념이 있지.

예를 들어, 고등학교에서 배우는 곡선 중 사이클로이드라는 것이 있어. 오른쪽 그림처럼 주기성을 띠는 그래프야.

이해하지 못 해도 괜찮아! 편안하게 들어줘.

앞에서 본 그래프를 $x$, $y$를 사용해 식으로 나타내면 다음과 같아.

$$\left\{ \arccos \left( 1 - \frac{y}{a} \right) - \frac{x}{a} \right\}^2 + \left( 1 - \frac{y}{a} \right)^2 = 1 \quad (0 \leq x \leq a\pi)$$

굉장히 복잡하지? 우리도 보는 것만으로는 잘 이해가 안 돼.
arccos 같은 건 대학에서 배우는 개념이기도 하고……
이건 직교좌표라고 하는 $x$, $y$를 사용한 함수를 나타내는 방법이야.
**하지만!** 조금 다른 방식으로 쓸 수도 있어. 아래를 봐!

$$\begin{cases} x = a(\theta - \sin\theta) \\ y = a(1 - \cos\theta) \end{cases}$$

아까보다 훨씬 간단해졌지? 매개 변수인 $\theta$를 사용한 식인데, 같은 함수를 이렇게도 나타낼 수 있어.
이렇듯 수학에서도 기존 방식으로 내용을 이해하기 어렵다면, 그 사실을 인정하고 다르게 표현하고자 노력해 왔어.
수학뿐 아니라, 어느 분야에서든 그러한 노력은 있을 거라고 생각해.
**하나의 길만 고집하는 것이 아니라, 여러 길을 탐색하면서 자신에게 맞는 분야를 찾는다.** 이게 바로 내 이론이야.

   오!

누구에게나 맞는 것과 안 맞는 것이 있으니까 말이야.

길이 하나뿐인 건 아니야!

정답이 하나만 있는 건 아니라는 사실을 우리는 수학에서 배웠잖아.

그런데 자기가 잘할 수 있는 걸 찾는 게 쉬운 일일까?

그것도 확률로 생각해 봤어. 이름하야 '몇 번이고 부딪쳐서 알아내자' 이론!

## '몇 번이고 부딪쳐서 알아내자' 이론! <확률>

도전하고 싶은 분야가 10개라고 가정해 보자.
그중 자신의 특기 분야가 2개일 경우에 몇 번 도전해야 특기 분야를 만날 수 있을까?
그 확률을 실제로 계산해 보면 다음과 같이 구할 수 있어.

① 첫 번째 도전에서 특기 분야를 만날 확률

$$\frac{2}{10} = \frac{1}{5} \cdots\cdots 20\%$$

② 두 번 이내로 도전하여 특기 분야를 만날 확률

$$\frac{8}{10} \times \frac{2}{9} = \frac{8}{45} \qquad \frac{1}{5} + \frac{8}{45} = \frac{17}{45} \cdots 약 38\%$$

③ 세 번 이내로 도전하여 특기 분야를 만날 확률

$$\frac{8}{10} \times \frac{7}{9} \times \frac{2}{8} = \frac{7}{45} \qquad \frac{17}{45} + \frac{7}{45} = \frac{24}{45} \cdots 약 53\%$$

따라서 자신이 도전하고 싶은 분야를 하나씩 경험해 본다면, 세 번째 도전까지 한 후에 특기 분야를 만날 확률은 53%가 되는 거야.

| 도전하고 싶은 분야를 적어 보자! | | 덴간의 예 | |
|---|---|---|---|
| 1_____ | 2_____ | 1 피아노 | 2 마라톤 |
| 3_____ | 4_____ | 3 퀴즈 | 4 노래 |
| 5_____ | 6_____ | 5 장기 | 6 학원 선생님 |
| 7_____ | 8_____ | 7 모의고사 전 과목 1등급 | 8 다이빙 |
| 9_____ | 10_____ | 9 영어 회화 | 10 다이어트 |

사실 10분의 2 확률로 특기 분야가 있다는 것 자체가 대단한 일이기는 해.

하나오야 그렇겠지만 나는 100분의 1 정도의 확률이야.

만약 그렇다고 해도 덴간은 지금 특기를 찾아 서 재능을 발휘하고 있잖아.

엄청 띄워주네 키키키

취미든 동아리든 서클이든 아르바이트든 뭐라도 좋아. 나는 대학에 들어가서 다섯 번 도전한 끝에 유튜브를 만났어.

  우와!

회상

첫 번째 도전은 입학하자마자 들어간 윈드서핑 동아리였어. 두 번째 도전은 학원 강사였는데 해고당했지. 사실 학생 수가 줄어서 그만두게 된 거야.

세 번째 도전도 학원 강사였는데, 그럭저럭 괜찮았지만 왠지 마음에 썩 들지 않아서 그만뒀어.

네 번째 도전은 노래방 아르바이트였어. 서비스업인데 나는 숫기가 없어서 "감사합니다. 또 오세요"라는 말을 못하겠더라? 그래서 작은 소리로 웅얼거렸더니 점장이 "좀 더 크게 얘기해"라며 혼내더라고. 집에서 연습했는데도 좀처럼 나아지지 않았어. 그러니 더욱 주눅 들었지.

하지만 그때 깨달았어. 서비스업은 나한테 안 맞는다는 걸 말이야. 어울리지 않는 일은 깔끔하게 포기하고, 새로운 것을 시도해보자고 마음먹었지. 그렇게 다섯 번째 도전에서 유튜브와 만날 수 있었던 거야.

 한 편의 드라마처럼 이야기했지만, 한마디로 발음이 안 좋았다는 거잖아. ㅋㅋㅋ

정리

이번 고민에서는 네 명 모두가 '못하는 분야를 고집하지 않는다'는 의견에 동의했어.

자신의 능력을 키우거나 재능을 발휘할 수 있는 분야에 도전한다면, 자신감도 생기고 다른 사람과 비교하며 우울해지는 일이 줄어들지 않을까?

물론 약점을 극복하는 건 멋진 일이지만, 특기 분야를 찾아서 능력을 키우는 건 더욱 중요해.

너희들도 반드시 특기 분야를 찾을 수 있을 거야. 거기서 자신감을 얻는다면 다른 사람과 비교하는 일도 없어질 거라고 믿어.

# sin, cos, tan가 도대체 뭐야?

수학에서는 '비교'가 매우 중요해. 먼저 중학교에서 배우는 닮음을 떠올려 봐. '두 각의 크기가 같은 삼각형은 닮음이다'라고 배웠어. 기억나니? 닮음인 두 삼각형은 변의 길이가 달라도 비율은 같아. 그러니까 오른쪽 그림처럼 닮음인 두 삼각형이 있는 경우에, 한 변의 길이를 안다면 나머지 두 변의 길이도 알 수 있어. ①은 8이고 ②는 10이야.

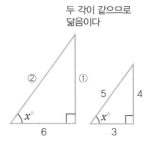

두 각이 같으므로
닮음이다

고등학교에서 배우는 삼각비는 닮음의 좀 더 진화된 버전이야. sin (사인), cos (코사인), tan (탄젠트)는 다들 들어본 적 있지? 이 세 가지가 무슨 뜻인지 지금부터 쉽게 설명해 줄게.

삼각형의 세 변에는 각각 다음과 같은 이름이 붙어 있어.
• 90도(직각)와 마주 보는 변 ⇒ 빗변
• $x$와 마주 보는 변 ⇒ 높이
• $x$와 이웃하는 변 ⇒ 밑변

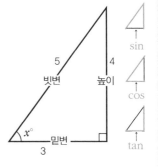

그럼 sin · cos · tan라는 세 가지는 왜 함께 있는 걸까?
삼각비는 위에서 말한 세 변 중 '무엇과 무엇을 비교하는가'를 의미해.
'빗변과 높이'인가, '빗변과 밑변'인가, '밑변과 높이'인가.
삼각형의 두 변을 비교하는 세 가지 방법을 sin · cos · tan라고 하는 거지.
그럼 오른쪽 그림의 삼각비를 구해 볼까?

$$\sin x° = \frac{높이}{빗변} = \frac{4}{5} \qquad \cos x° = \frac{밑변}{빗변} = \frac{3}{5} \qquad \tan x° = \frac{높이}{밑변} = \frac{4}{3}$$

삼각비를 이용하면 건물의 높이나 산의 높이도 알아낼 수 있어. 옛날 사람들은 이걸 활용해서 지구의 반지름이나 지구에서 달까지의 거리를 계산했다고 해.

# 가위바위보에 약해요

 시시한 고민처럼 보이지만 절대로 지면 안 되는 순간이 있기도 하잖아. 그래서 절대 지지 않는 비법을 찾고 싶은데, 그런 게 있기는 한 건지 모르겠어…… 왜냐하면 도쿄대학교 입학 시험에 나올 정도로 어려운 문제거든.

가위바위보에서 이기는 비법이란 게 있어?

당연히 기합이지.

정신론이 등장했네.

자, 한번 해 보자. 난 기합을 단단히 넣었어! 안 내면 진 거, 가위 바위 보!

졌다ㄱ

가위바위보에서는 경험치가 중요해. 상대방의 손을 어떻게 읽을 것인가!

ㅋㅋㅋ 그게 가능하다면 이런 고민도 안 하겠지. ㅋㅋㅋ

하지만 사람마다 버릇 같은 게 있기는 해.

맞아. 가위 바위 보는 세 가지뿐이니까 패턴이 생기기 쉽지. 그래서 소개하고 싶은 새로운 가위바위보가 있어. 이름하야 홀짝 가위바위보!

## 김효준의 홀짝 가위바위보!

**방법**

- 기본적으로 두 명이 한다.
- 두 사람이 각각 홀수와 짝수 중 하나를 고른다.
- '가위바위보'를 외치면서 손가락으로
  0 · 1 · 2 · 3 · 4 · 5 중 하나를 낸다.
- 손가락의 수를 합쳐서 홀수면 처음에 홀수를 고른 사람이 이기고, 짝수면 처음에 짝수를 고른 사람이 이긴다.

 한번 해 볼까? 나는 홀수, 김효준은 짝수라고 하자.

 가위바위보!

 1+5니까 합계는 6. 짝수니까 내가 이겼어!

내가 졌어 ↘

하지만 습관적으로 ✌ 나 ✊ 나 🖐 를 내는 사람이 많지 않을까?

 그렇다고 가정하고 검증을 해 보자.

나↘　상대방↘

✊ + ✊ = 0 (짝수)　　✊ + ✌ = 2 (짝수)　　✊ + 🖐 = 5 (홀수)

✌ + ✊ = 2 (짝수)　　✌ + ✌ = 4 (짝수)　　✌ + 🖐 = 7 (홀수)

🖐 + ✊ = 5 (홀수)　　🖐 + ✌ = 7 (홀수)　　🖐 + 🖐 = 10 (짝수)

 ✌ ✊ 🖐 에 한해서 말하자면 확률적으로는 짝수가 5가지, 홀수가 4가지로 짝수가 유리해.

하지만  를 낼 거라고 장담할 수 없으니까……

실제로 두 사람이 0~5의 6가지를 냈을 경우에는 다음과 같은 조합이 돼.

|  | 0 | 1 | 2 | 3 | 4 | 5 |
|---|---|---|---|---|---|---|
| 0 | 0 짝수 | 1 홀수 | 2 짝수 | 3 홀수 | 4 짝수 | 5 홀수 |
| 1 | 1 홀수 | 2 짝수 | 3 홀수 | 4 짝수 | 5 홀수 | 6 짝수 |
| 2 | 2 짝수 | 3 홀수 | 4 짝수 | 5 홀수 | 6 짝수 | 7 홀수 |
| 3 | 3 홀수 | 4 짝수 | 5 홀수 | 6 짝수 | 7 홀수 | 8 짝수 |
| 4 | 4 짝수 | 5 홀수 | 6 짝수 | 7 홀수 | 8 짝수 | 9 홀수 |
| 5 | 5 홀수 | 6 짝수 | 7 홀수 | 8 짝수 | 9 홀수 | 10 짝수 |

수식으로 나타내면 6×6=36가지.
이 중에서 홀수는 18, 짝수도 18가지야.
**확률적으로는 둘 다 50%!**

 확률 50%면 '반드시 이기는 비법'이라고는 할 수 없겠는걸.

 이 가위바위보가 확률적으로 유리하다고 볼 수는 없지만, 상대방이 해본 적 없는 가위바위보라면 경험치가 있는 내가 유리할 거라고 생각한건데…….

 가위바위보에서 반드시 이기는 비법이라는 게 정말 있을까?

 방금 생각난 건데…… 손을 내미는 타이밍이 다들 조금씩 다르지 않아? 0.1초 정도의 차이겠지만.

 인간의 동작에 오차는 있는 법이니까. 올림픽에 출전한 육상 선수가 경기에서 늦게 출발하는 경우도 있듯이.

 바로 그거야! 그 차이를 역으로 이용해서 늦게 내는 것을 인정받을 수 있는 로직을 찾아내는 거야!

그 고민, 우리라면
**수학**으로 해결합니다!

**연구 주제**

# 덴간의 '간발의 차이로 늦게 내기'는
## 가위바위보에서 반드시 이기는 비법인가?

연구자: 덴간, 하나오, 김효준, 승

**가설**

보통 가위바위보를 할 때 사람마다 손을 내미는 타이밍에 차이가 있지만 대부분 신경 쓰지 않는다. 그것을 역으로 활용하여 '늦게 냈다'고 인지하지 못할 정도로 느리게 낼 수 있다면, 상대방에게 의심받지 않고 당당하게 늦게 내서 영리하게 이길 수 있지 않을까? 즉, 덴간이 주장하는 '간발의 차이로 늦게 내기'야말로 인류가 먼 옛날부터 찾아 헤맨 **가위바위보에서 반드시 이기는 비법~!!!**이라는 것이 우리의 가설이다.

또한 이 방법을 성공시키기 위해서는
"안 내면 진 거"를 외칠 때 손을 ✌️ 와 ✊ 와 🖐 사이의 어중간한 모양으로 만드는 것이 도움이 될 것으로 예상된다.

**방법**

① 일대일로 가위바위보를 한다.
② '가위바위보'라고 외칠 때와 손을 내미는 타이밍 사이의 오차를 스톱워치로 측정한다.
③ 손을 내미는 타이밍을 조금씩 바꾸어 가며 몇 초 이내일 때 '늦게 냈다'고 눈치채지 못하는지 밝혀낸다.

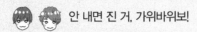 안 내면 진 거, 가위바위보!

하나오, 완전 늦게 냈어.

지금 건 0.32초 늦었어. 조금만 더 빨리 내.

이렇게 검증을 반복해 시행하였다.
그 결과 의미 있는 값을 발견할 수 있었다.

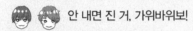 안 내면 진 거, 가위바위보!

 이거야!

0.19초! 이게 바로 늦게 낸 걸 눈치 채지 못하는 한계 시간이야!

**결론**

상대방이 '늦게 냈잖아!' 하고 따질 수 없을 정도로 늦게 낼 수 있는 아슬아슬한 타이밍은 0.19초이다.
이것보다 빨리 내면 상대방의 손을 읽을 수 없고, 늦게 내면 늦게 낸 사실을 들키고 만다. 하지만 늦게 냈음에도 이기지 못하는 사람도 있다. 하나오가 그 전형적인 예이다.

 상대방이 뭘 낼지 알아도 제대로 대응하지 못하겠어.

**고찰**

손을 ✌와 ✊와 🖐 사이의 어중간한 모양으로 만들고, 0.19초 이내로 내밀면 상대방에게 들키지 않고 늦게 낼 수 있다. 하지만 늦게 내더라도 이기지 못하는 사람이 있다. 이 점에 대하여 우리는 다음과 같은 방향으로 의견을 정리했다.

- 모든 경우에 대응하려고 하니까 어려운 것이다.
- 상대방의 손이 '펼쳐지는지', '펼쳐지지 않는지'의 두 가지 경우에 대응하면 된다.

## 가위바위보 필승법의 순서도
### ~머리 위로 팔을 크게 휘두르며~

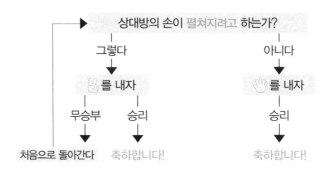

나 를 낼 때에는 손을 펼쳐.
하지만 를 낼 때에는 주먹을 쥔 상태야.
그러니까 상대방의 손을 보고 '펼친다', '펼치지 않는다'로
판별하면 돼.
따라서 다음과 같은 순서에 따라 무엇을 낼지 결정하면 절
대로 지지 않아!

상대방이 손을 펼칠 것 같으면 를 내.
상대방이 손을 펼치지 않을 것 같으면 를 내.
즉……
나 를 내면 100% 지지 않아!

  우와~

 나 를 내면 100% 지지 않는다! 이거 진짜 비법이잖아?!

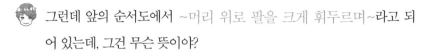 그런데 앞의 순서도에서 ~머리 위로 팔을 크게 휘두르며~라고 되어 있는데, 그건 무슨 뜻이야?

 아하! 그건 말이야, 상대방이 손을 내밀 때의 동작이 클수록 무엇을 내려는 건지 판별하기 쉬워진다는 뜻이야. 눈앞에서 손가락만 움직인다면 손을 읽기 어렵지만 머리 위에서 팔을 휘두른다면 그 사이에 손을 읽을 수 있지.

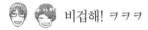 아하~

가위바위보를 할 때 내가 큰 소리로 외치면서 크게 움직이면 상대방도 따라하게 되잖아. ㅋㅋㅋ

비겁해! ㅋㅋㅋ

비법이니까. ㅋㅋㅋ 비겁한 방법을 써서라도 철저하게 대응해야지. ㅋㅋㅋ

늦게 내는 것 자체가 비겁하다고. ㅋㅋㅋ

 **정리**

지지 않을 확률 100%! 최강의 가위바위보 비법을 찾아냈어. 일대일로 할 때에 한정된 방법이긴 하지만, 조금만 연습하면 되니까 실제로 해 보는 걸 추천해.
이번 고민에서는 문제 해결을 위한 가설을 '가설 → 방법 → 검증 → 결론 → 고찰'의 순서에 따라 '자유 연구'로 진행해 보았어. 이렇게 보잘것없는 주제도 조사하고 결론을 도출해 내면 멋진 연구가 돼. 너희들도 평소에 궁금했던 것이 있다면 즐거운 마음으로 연구해 보는 게 어때?

# 제 2 장

# 인간관계
# 고민

# 친구가 안 생겨요

고민의 80%는 인간관계라는 말이 있을
정도니까, 이 문제를 해결한다면 노벨평
화상을 받을 수 있을지도 몰라. 우리가 인간관계 전문
가는 아니지만, 일단 이야기를 나눠 볼까?

인간관계에도 여러 종류가 있지.

고등학교 2학년 때 소풍으로 미술관에 갔는데, 같이 다닐 친구가 없었
어. 그래서 다른 반 친구에게 가서 함께 다녔지. 근데 우리 반에선 내가
없어진 줄 알고 찾느라 난리가 났었어. ㅋㅋㅋ

ㅋㅋㅋ 문제아였구나.

인간관계에 서툴렀던 거지 뭐.

인간관계에서 우등생인 덴간은 이해가 안 되지?

음~ 솔직히 그렇긴 해. 그런데 왜 친구가 안 생겼던 거야?

왜였을까?! 분명한 건 나한테 문제가 있어서가 아니라, 나를 받아주지
않는 상대방에게 문제가 있다고 생각했던 것 같아. 그런 식으로 벽을
세우고 살아가는 거야. 인간에게는 방어 본능이 있으니까.

자기와 다른 이질적인 존재는 배제하려고
하지. 사회의 구조 자체가 그렇게 되어 있
잖아. 계층이 있고, 경계도 있고……

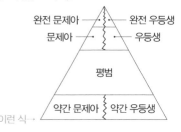

이런 식→

결국 '+' 세계와 '-' 세계의 이야기야.

 앗! 중학교에서 배운 양수와 음수구나.

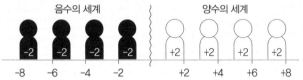

수학으로 보는 우등생과 문제아
<양수와 음수, 절댓값>

우등생은 양수의 세계에서, 문제아는 음수의 세계에서 살고 있다고 할 수 있어. 0을 경계로 서로 등을 돌린 채 말이야.

음수의 세계      양수의 세계

-2   -2   -2   -2     +2   +2   +2   +2

-8   -6   -4   -2     +2   +4   +6   +8

레벨 2의 문제아가 4명 모이면

$$(-2) \times 4 = (-8)$$

의 세계가 되는 거야.
예를 들어, (-3)인 문제아와 (-5)인 문제아가 모여서 (-8)인 집단을 만든 후에, 우등생을 자기들 편으로 만들려고 해. 여기서는 절댓값을 사용해서 설명하는 편이 쉬울 것 같아.
절댓값이란 '어떤 점과 0 사이의 거리'를 나타내는 값인데, 예를 들어 (-8)의 **절댓값**은 8, (+2)의 절댓값은 2가 되지. 플러스인지 마이너스인지는 상관없는 거야.
(-8)인 문제아 집단과 (+2)인 우등생 중 절댓값이 큰 쪽은 문제아 집단이야. 그러니까 우등생이 문제아들에게 물드는 일이 생기는 거지. 학급의 분위기가 안 좋으면 우등생도 덩달아 불량해지잖아? 그런 일은 절댓값 때문에 일어나는 거야.

(-8)인
문제아 집단

(+2)인
우등생

-5   -3     +2

너도
나빠지라고

↓

절댓값이 10인 집단

-5   -3   +2

 그렇구나~. 플러스, 마이너스에 절댓값까지. 인간관계에 대한 고민에 수학적인 문제도 얽혀 있다는 거네. 그건 그렇고, 어떻게 해야 친구를 사귈 수 있는 거야?

# 그 고민, 우리라면
# 수학으로 해결합니다!

 난 사람들 사이에 궁합이라는 게 있다고 생각해. 그래서 이런 이론을 만들어 봤어.

## 투수와 포수 이론 <경우의 수 ①>

학교에도 먼저 나서서 말하는 사람과 주로 듣기만 하는 사람이 있지? 그렇게 인간은 크게 두 가지 타입으로 나눌 수 있어.

P : 투수 타입
C : 포수 타입

P는 대화라는 공을 잘 던지는 타입이야.
C는 대화라는 공을 잘 받는 타입이야.

예를 들어, 입학식이 끝난 후에 모르는 사람에게 먼저 말을 걸 수 있는 사람이 P이고, 누군가 말을 걸어 주기를 기다리는 사람이 C야.

P와 C로 만들 수 있는 조합은 4가지인데, 오른쪽 표와 같이 나타낼 수 있어.
① P-P (자신은 P, 상대방도 P)
② P-C (자신은 P, 상대방은 C)
③ C-P (자신은 C, 상대방은 P)
④ C-C (자신은 C, 상대방도 C)

| 자신<br>상대방 | P | C |
|---|---|---|
| **P** | ◎ | △ |
| **C** | ○ | × |

**(해설)**
① P-P는 금세 대화를 주고받게 되어서 친해지기 쉬우므로 ◎
② P-C는 자기가 먼저 다가가면 되므로 ○
③ C-P는 상대방이 다가와 주기를 기다리므로 △
④ C-C는 서로 기다리기만 하고 다가가지 않으므로 ×

◎, ○는 친구가 되기 쉽지만, △, ×는 어렵다는 얘기지?

 그렇다면 친구가 생길 확률은 50%네. 이거 좀 낮지 않아?

 자기가 C 타입이라는 이유로 친구가 생기지 않는다니 너무 슬프잖아.

 하지만 걱정할 필요 없어! 내가 그 확률을 올리는 법을 찾아냈거든.

## '투수가 되자' 이론 (보충)
### <경우의 수 ②>

인간은 P와 C라는 두 가지 타입이 아니라, 4가지 타입으로 나뉜다는 게 나의 이론이야.

PP : 투수 타입 중에서도 특히 투수인 타입
　➡ 끊임없이 이야기하는 사람. 누구와도 대화할 수 있는 사람.
PC : 투수 타입이지만 포수도 될 수 있는 타입
　➡ PP의 이야기를 잘 들을 수 있고, CC와 CP에게 먼저 말을 걸 수 있는 사람
CP : 포수 타입이지만 투수도 될 수 있는 타입
　➡ 자신 있는 분야에 대해서는 이야기를 나눌 수 있는 사람
CC : 포수 타입 중에서도 특히 포수인 타입
　➡ 이야기를 전혀 하지 않는 사람

이 4가지 타입으로 만들 수 있는 조합은 16가지이고, 조합별로 '친구가 되기 쉬운 정도'를 숫자로 나타내면 왼쪽 표와 같아.

표 안의 숫자는 P의 개수를 합한 거야. 자신이 PP이고 상대방도 PP라면 P가 4개이니까 가장 쉽게 친구가 될 수 있어.
반대로 P가 0개라면 두 사람 모두 이야기를 하지 않으니까 친구가 되기 매우 어렵다고 할 수 있어.

각 조합에서 P가 하나라도 있다면, 친구가 될 수 있다고 생각해. 둘 중 하나가 '대화'라는 공을 던질 수 있으니까 말이야. 그리고 앞에서 본 16가지 조합 중에서 P가 0개인 것은 하나뿐이었어. 16가지 중 1가지니까 확률로 나타내면 다음과 같지.

$$1 \div 16 \times 100 = 6\%$$

즉, 친구가 되기 어려운 조합은 6%에 불과해.
나머지 **94%는 친구가 될 수 있어.**

   그렇구나~!

 게다가 그 6%를 아예 0%로 만들 수도 있다고.

 어떻게?

 CC인 사람이 CP가 되려고 노력하면 돼. 아주 포수 타입인 사람이라도 약간이라도 투수 타입이 되기 위해 노력해 보는 거야. 그렇게 하면 친구가 생길 확률은 100%로 늘어난다고!

  대단해!

 극도로 포수 타입인 사람이 극도로 투수 타입이 되는 건 아무래도 어려운 일이지만 CP가 되는 건 해 볼 만할 것 같아.

 맞아! 애니메이션이나 게임처럼 자기가 좋아하는 것에 대해서 이야기를 시작하면 되니까 말이야.

 아하! 외적 요인(상대방과 내가 둘 다 좋아하는 애니메이션 등)으로 대응한다는 거군.

 ㅋㅋㅋ 김효준은 언제나 이런 이론을 사용하는 거야?

…… 사실은 숨겨둔 이론이 하나 더 있어.

 정말? 어떤 거야?

## 조직에 침입하기 이론 <화학>

고등학교 화학 시간에 배우겠지만, 암모니아(NH₃)를 물에 녹이면 암모늄이온(NH₄⁺)이 돼. 이 현상을 인간관계에 응용하는 거야. 예를 들어 반에는 리더 역할을 하는 아이가 있잖아? 그 친구를 오른쪽 그림의 N이라고 하자.

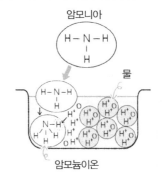

N은 암모니아일 때에는 동료인 H를 3명 데리고 다니는데, 암모니아를 물에 녹이면 H가 1명 늘어나. 하지만 N과 H 모두 그 사실을 눈치 채지 못해. 그러니까 새로 생긴 H도 자연스럽게 친구가 될 수 있는 거야.

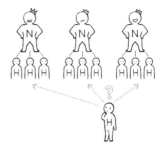

새롭게 등장한 H는 여러 집단 중에서 마음에 드는 곳을 찾아 접근하는데, 그때 유의할 점은 동료인 H가 아니라 리더인 N에게 다가가야 한다는 거야. N과 이야기를 나누는 모습을 보고 동료인 H들이 '저 녀석도 친구구나' 하고 착각해 버리거든. ㅋㅋㅋ

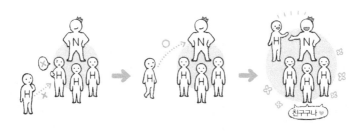

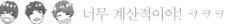 너무 계산적이야! ㅋㅋㅋ

 ㅋㅋㅋ 그런데 권력자인 N에게 갑자기 다가가는 건 어렵지 않을까?

 보통 N은 축구를 잘하거나 성적이 좋아서 다가가기 쉽지 않은 편이지?

 그건 그래! 그러니까 근처에 있는 것부터 시작하면 돼. N은 대부분 투수 타입이라서 근처에 있는 사람에게 먼저 말을 걸거든. 그 순간을 놓치지 않고 대화를 이어가는 거야. "축구 잘하더라", "공부 잘해서 좋겠다"처럼 작은 칭찬으로 시작하는 거지.

 결국 권력자에게 아부하라는 거네. ㅋㅋㅋ

 ㅋㅋㅋ 아부하는 게 아니라 친구가 되는 거야. 친구가 되고 나서 천천히 자신의 모습을 보여 주면 돼.

 그렇구나!

 정리

 난 사실 다른 사람들에게 맞추느라 애쓰며 살 바에야 혼자 있는 편이 낫다고 생각했어. 하지만 지금은 좋은 친구들과 함께야. 그래서 자기한테 맞는 집단을 찾는 게 아주 중요하다는 생각이 들어. 그러려면 '친구를 반드시 사귀어야 해'라며 단단히 벼르는 것보다, '맞는 사람도 있고, 안 맞는 사람도 있는 거지'라며 가볍게 생각하는 편이 도움이 될 거야. 어딘가에 나랑 맞는 사람이 반드시 있을 테니까 말이야. 나랑 맞는 사람을 찾기 위해서라도 누군가에게 대화라는 공을 먼저 던져 보는 게 어때?

# 확률 이야기

이번 고민에서는 친구가 생길 확률을 구해 보았는데, 그 외에도 우리 주변에는 어디에나 확률이 있어. 예를 들어 볼까?

한 학급에 학생 25명이 있다. 이 학급의 학생들 중 생일이 같은 사람이 있을 확률은 몇 퍼센트일까?

1년은 365일이니까 '생일이 같은 사람은 없을 것 같은데?' 하고 직감적으로 판단을 내리는 사람이 많을 것 같아. 그럼 실제로 확률을 계산해 볼까?

① '생일이 같은 사람이 있다'는 것은 '적어도 2명의 생일이 같다'라고 바꿔 말할 수 있으니까 다음과 같은 식으로 나타낼 수 있어.

1－(25명 모두의 생일이 다르다)

② 이제 위 식의 괄호인 '25명 모두의 생일이 다르다'를 계산해 보자.

i) 먼저 A와 B의 생일이 다를 확률 $\dfrac{364}{365}$

ii) 다음으로 C의 생일이 A나 B와 다를 확률 $\dfrac{363}{365}$

③ 이런 식으로 A 이외의 24명에 대한 확률을 곱해 나가면, 나머지 24명의 생일이 모두 다를 확률이 나오지.
'1'에서 그 숫자를 빼면 우리가 원하는 확률을 구할 수 있어!

$$1 - \left( \frac{364}{365} \times \frac{363}{365} \times \frac{362}{365} \cdots\cdots \frac{341}{365} \right) = 0.568 \cdots \text{약 } 57\%$$

25명 모두가 생일이 다를 확률
계산하면 약 0.432=약 43%

즉, 한 학급의 학생들 중 생일이 같은 사람이 있을 확률은 57%야!
어때? 처음에 감으로 생각했던 것과 다르지?
이렇게 수학은 직감과는 다른 결과를 이끌어 내기도 해.

# 따돌림을 당하고 있어요

STOP!
따돌림

따돌림을 당하고 있는 사람에게 그보다 심각한 문제는 없을 거야. 따돌림은 나쁜 거라고 다들 알고 있는데도 없어지지 않아. 왜 그럴까? 그래도 해결책은 반드시 있을 거라고 믿어.

 먼저 이 숫자부터 봐 줘.

## 따돌림 발생 건수

2019년 일본의 문부과학성에서 조사한 결과, 따돌림 발생 건수는 54만 3,933건으로 사상 최대치를 기록했다고 해! 초등학교의 따돌림 발생 건수의 추이를 나타낸 그래프가 바로 이거야.

'초등학교의 따돌림 발생 건수의 추이' 문부과학성 조사

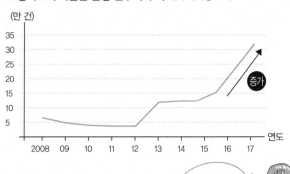

(만 건)

증가

연도

2008  09  10  11  12  13  14  15  16  17

안타깝게도 매년 증가하고 있어.

 따돌림이라는 인식 자체가 늘어난 것도 이 숫자에 영향을 주겠지만 말이야.

따돌림이라는 게 뭘까? 싸우는 것도 따돌림이야?

문부과학성의 조사는 싸움이나 장난도 따돌림에 포함시켰다고 해. 하지만 뭐가 따돌림인지 구분하는 건 어려운 일이야.

일대일이면 싸움이고 일 대 다수면 따돌림 아닐까?

그런 식이라면 전쟁 게임도 따돌림이야? 게임에서 내 캐릭터는 1,000명쯤 되는 적들을 앞에 두고 하나씩 무찌르고 있는데…….

따돌림이야! 네 캐릭터가 엄청난 괴롭힘을 당하고 있는 거야. ㅋㅋㅋ

ㅋㅋㅋ

그렇게 따지면 장기도 마찬가지야. 왕 주변에 말들이 압박해 오잖아. ㅋㅋㅋ

역시 주관적인 거 아닐까? 자기가 괴롭힘을 당하고 있다고 느낀다면 따돌림이지.

꼭 그렇다고는 볼 수 없을 것 같아. 나도 어렸을 때 따돌림을 당한 것 같거든? 근데 난 몰랐어. 고등학생 때 부모님이 "어렸을 때 따돌림당했었지"라고 해서 '그랬었나?' 하는 생각이 들었거든. 뭐, 그렇게 심한 정도는 아니었겠지만…….

초등학생 때는 아무래도 인간관계에 서투니까 따돌림 같은 게 늘 있었던 것 같아. 따돌림이라고 인식하지 못한 것까지 포함해서 말이야.

따돌림은 도대체 뭘까?

제1회

# '따돌림이란 무엇인가?' 회의

사회: 덴간

참가자: 하나오, 김효준, 승

 자, 이제부터 제1회 '따돌림이란 무엇인가?' 회의를 시작하겠습니다. 앞의 조사 결과를 보면 알 수 있듯이, 초등학생들의 따돌림이 가장 많다고 하는데요.

 초등학생 때는 아무것도 아닌 일이 따돌림의 원인이 되기도 하잖아? 예를 들어 목소리나 생김새 같은 거 말이야……

 보통 사람들과 다른 점을 발견하면 공격하곤 하지.

 고등학생 정도가 되면 차이를 인정할 줄도 알고 자신과 상관없는 사람은 신경 쓰지 않게 되니까 아무래도 따돌림은 줄어들기 마련이지. 싸움 같은 건 솔직히 많이들 하지 않아?

 싸움을 한 거라면 화해하고 다시 사이가 좋아질 수 있어. 하지만 한번 '왕따'라는 낙인이 찍히고 피해자와 가해자 관계가 되면 그걸 바꾸는 건 거의 불가능해. 그러니까 따돌림이라고 인정하고 싶지 않은 거야. 그리고 자존심 때문에 따돌림당한다는 사실이 주변에 알려지는 것도 싫을 거야. 따돌림의 사각지대지. 실제로 따돌림이 발생한 건수는 조사 결과보다 많을지도 몰라.

 악의를 가지고 따돌림을 주도하는 녀석들도 있어.

 어른들의 세계에도 갑질이나 성희롱이 있잖아. 이런 것도 일종의 따돌림이지? 방식이나 정도에 차이는 있겠지만, 힘이 강한 쪽이 힘이 약한 쪽을 무리하게 제압하려고 하는 것. 그게 바로 따돌림인 것 같아.

결론 : 힘이 강한 쪽(사람 수가 많은 쪽)이 약한 쪽에게 난폭하게 행동해서 고통을 주는 것이 따돌림이야! ➡ 어른들의 세계에도 따돌림은 있어.
　　 (ㅋㅋㅋ 의미가 분명해졌군.)

그 고민, 우리라면
**수학**으로 해결합니다!

극단적인 예를 들자면 이런 거겠지.
4명(힘이 센 쪽)이 사과 1개(힘이 약한 쪽)
를 칼(난폭한 힘)로 나눠서 먹는 거야.

 그냥 사과를 나눠 먹은 것일 뿐이잖아. ㅋㅋㅋ

 모든 인류가 따돌림에 가담한다는 걸 비유한 거야.

 ㅋㅋㅋ 따돌림 문제는 그렇게 단순한 게 아니라고. ㅋㅋㅋ

 그러게 말이야. 따돌림은 여러 가지 형태로 나타나. 폭력, 폭언, 거리 두기 등등……. 게다가 원인도 따로 있으니까 해결하기 복잡한 문제지. 하지만 몇 가지 요소로 나누어 보면 이해하기 쉬워. 이거, 수학의 인수분해와 비슷하지 않아?

### 조직에 침입하기 이론 <화학>

어떤 수식을 곱셈 형식으로 바꾸는 것을 인수분해라고 해.
예를 들어, $x^2 - 5x + 6 = 0$ 이라는 방정식에서 좌변을 인수분해
하면 이렇게 돼.
$(x - 2)(x - 3) = 0$
이 식은 $x = 2$ 또는 $x = 3$일 때 0이 되는데 이걸 방정식의 해라고
하지.
이렇게 정체를 알 수 없는 수식도 인수분해하면 해를 찾기 쉬워져.
참고로, $6 = 2 \times 3$ 같은 수식도 인수분해의 일종으로 '소인수분
해'라고 해.

뭐라고? 따돌림도 인수분해하면 해결할 수 있단 말이야?

 응!

## 따돌림을 인수분해하기

따돌림은 다양한 요인이 얽힌 복잡한 문제야.
하지만 이렇게 크게 세 가지로 나눌 수 있지.

따돌리는 쪽 = A
따돌림당하는 쪽 = B
환경(커뮤니티 등) = C

세 가지 요인 A, B, C를 바탕으로 따돌림을 인수분해하면 다음과
같은 방정식이 되지.

따돌림 $= A \times B \times C = 0$

이 식은 따돌림이 0이 된다는 뜻이야. 즉 A, B, C 중에서 어느 하
나라도 0으로 만들 수 있다면 따돌림은 없어진다는 거지. 그렇다
면 무엇을 0으로 만들면 좋을까? 현실적으로 A와 B를 0으로 만
드는 건 상당히 어려운 일이야. 그러니 C(환경)를 0으로 만들면
돼. 예를 들어 어떤 그룹 안에서 괴롭힘을 당하고 있다면 그곳을
벗어나면 되는 거지. 그걸로 C(환경)는 0이 되고 따돌림은 없어지
는 거야!

   그렇구나~!

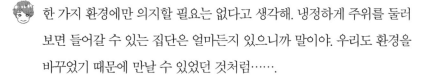 한 가지 환경에만 의지할 필요는 없다고 생각해. 냉정하게 주위를 둘러
보면 들어갈 수 있는 집단은 얼마든지 있으니까 말이야. 우리도 환경을
바꾸었기 때문에 만날 수 있었던 것처럼…….

 좀 다른 이야기지만, 난 고등학교 때 친구가 거의 없었다고 했잖아? 그
래서인지 한 걸음 뒤로 물러나 우리 반을 관찰하곤 했어. 그랬더니 따
돌림의 구도가 보이더라고.

# 왕따의 구도

왕따의 본질은 일 대 다수니까, 기본적으로 사람 수가 많은 집단에서 일어나기 쉬워. 예를 들어 학급에 다음과 같은 세 그룹이 있다고 해 보자. 왕따가 만들어지기 쉬운 그룹은 어디일까?

답 : 왕따가 생기기 쉬운 그룹은 C
왜냐하면 왕따는 이런 구도로 되어 있기 때문이야.

두 사람뿐이니까 사이좋게
지낼 수밖에 없다

안정적이다

그룹을 만들고 우위에 서려고 한다

왕따의 구도에는 한 가지 특징이 더 있어. 바로 따돌림의 대상이 한 명으로 고정된 게 아니라 계속 바뀐다는 거야. 술래잡기의 술래처럼 말이야(아래 그림 참조).
하지만 그 와중에 절대로 술래가 되지 않는 사람도 있어. 왕따당하는 아이, 왕따시키는 아이와 모두 사이좋게 지낼 수 있는 대단한 존재지.

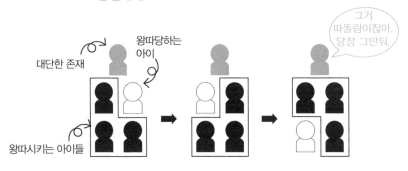

대단한 존재

왕따당하는 아이

왕따시키는 아이들

그거 따돌림이잖아. 당장 그만둬.

 그런 대단한 존재와 친구가 되면 돼!

# 공통 관심사 이론 <함수>

학교에서 본 적 있어? 왕따시키는 아이들과도 잘 지내지만 절대로 친구를 괴롭히지 않는 아이 말이야. 그런 아이와 친해지려면 공통 관심사를 찾는 것이 가장 빠른 길이라는 게 '공통 관심사 이론'이야. 그 이유를 세 가지 그래프를 통해서 증명해 볼게.

i) 따돌림–호감 곡선

상대방이 나를 좋아할수록 따돌림은 없어진다는 것을 나타내는 그래프야.

ii) 호감–관심사 곡선

관심사가 비슷할수록 서로에게 호감을 가지게 된다는 것을 나타내는 그래프야.

iii) 따돌림–관심사 곡선

i)과 ii)의 그래프를 합친 것으로, 관심사가 비슷할수록 따돌림은 없어진다는 것을 나타내고 있지.

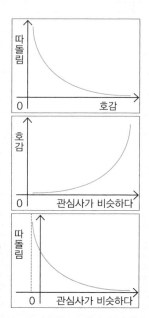

**정리**

한 집단에서 힘들게 버티고 있는 정도라면 그곳에서 벗어나는 것(즉, 관계를 0으로 만드는 것)도 좋을 거라고 생각해.
따돌림을 당하고 있을 때에는 그 상황밖에 보이지 않지만, 길은 하나만 있는 게 아니야. 그건 분명한 사실이야. 우리들도 각자 이런저런 일을 겪은 후에 서로를 만나게 되었어. 어딘가에 분명 나를 인정해 주는 친구들이 있을 거야. 여기 모여 있는 우리들이 바로 그 증거야.

# 따돌림에 대하여

학교에서 벌어지는 따돌림은 우리들이 어렸을 때부터 있었고 사회적으로도 문제시되고 있어. 이 세상에 왕따를 당하고 싶은 사람은 없을 거야. 그리고 왕따를 시켜서는 안 된다는 것도 알고 있지. 하지만 왕따는 없어질 기미가 보이기는커녕 오히려 늘어나는 추세야.

그렇다면 왕따는 아이들만의 문제일까? 사실은 어른들도 누군가를 따돌리거나 상대를 무시하는 말을 해. 그게 현실이야.

내가 어딘가에서 보고 아주 감동받은 명언이 있어. 어떤 회사의 사장님이었던 분의 말씀으로 기억해.

사람을 행복하게 하는 사람이 행복해진다.

사람은 언제나 '나는……', '내가……'라며 자기만 생각하는 경향이 있는데, 우리는 모두 많은 사람들과 함께 살고 있어. 그래서 다른 사람과의 관계를 빼놓고 생각할 수 없는 게 현실이야.

왕따를 시키는 사람은 '자신에게 이득이 되는지'만 생각해. 따돌림은 상대방을 전혀 생각하지 않는 행동이지.

그런데 그렇게 자기만 생각하는 사람은 결국 행복해질 수 없다는 걸 아까 말한 "사람을 행복하게 하는 사람이 행복해진다"는 말을 통해서 배웠어. 다른 사람에게 가치 있는 것을 주어서 그걸 받은 사람이 나에게 고마워한다면, 그 결과 내가 행복해질 수 있는 거야.

회사도 마찬가지야. 자신들의 이익이나 돈벌이를 우선시하는 회사는 망하는 경향이 있어. 반대로 세상에 필요한 것이 무엇인지 고민하고, 그걸 제공하는 회사는 실적이 점점 늘어날 거야. 결과적으로 돈도 벌고 보람도 느낄 수 있지. 즉, 사회에 공헌하면 할수록 자신의 가치는 높아지는 거야. 누군가를 따돌리고 있을 때가 아니야! 세상 사람들을 위해 노력하고 모두 함께 행복해지자.

# 사람들 앞에서 말하는 게 어려워요

아마도 대부분의 사람들이 청중을 앞에 두고 이야기하는 것을 어려워할 거야. 우리들도 마찬가지거든. 하지만 유튜브 영상에서는 편하게 말할 수 있어. 참 신기하지.

너희들은 사람들 앞에서 말 잘할 수 있어?

못해요~! ㅋㅋㅋ

포기가 너무 빠르잖아. 진지하게 생각해 보라고. ㅋㅋㅋ

대화란 기본적으로 밀고 당기는 거라고 생각해.

오늘 저녁에는 햄버거가 먹고 싶어

처럼 말이야.

엄청 어설프잖아, 그거. ㅋㅋㅋ

ㅋㅋㅋ 난 말을 잘 못해. 동영상은 잘 만들 수 있지만. ㅋㅋㅋ 결국 동영상도 밀고 당기는 거니까.

오호~!(일동 완전히 인정)

'사람들 앞에서 말한다'고 한마디로 표현했지만, 100명 앞에서 하는 것과 5명 앞에서 하는 건 다르잖아? 말하는 내용도 교장 선생님 같은 훈화 말씀이냐 친구들끼리 떠는 수다냐에 따라서 다르고.

하긴, 하나로 묶어서 말하기는 어렵지.

그럼 상황별로 나눠서 생각해 볼까? 듣는 사람의 수가 많은 경우, 적당한 경우, 적은 경우로 나눠 보자.

## '사람들 앞에서 말하는 상황' 세 가지

세 가지 상황은 듣는 사람의 수가 많은 경우, 적당한 경우, 적은 경우에 따라서 나눈 거야. 실제로는 청중의 수뿐 아니라, 이야기에 관련된 다양한 요소에 영향을 받아. 예를 들면 다음과 같은 그림으로 나타낼 수 있어.

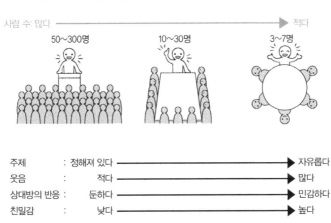

상황을 정리하기만 했는데 꽤 수학처럼 보여. ㅋㅋㅋ

일단 양으로 비교했으니까. 누가 뭐래도 수학이지.

위의 그림으로 따지면 나는 오른쪽으로 갈수록 못하는 축에 속하는 것 같아.

왼쪽은 준비한 내용을 말하는 거고 오른쪽은 자유롭게 말하는 거잖아? 준비한 내용을 말하는 건 어떤 걸 이야기할지 이미 정해져 있으니까 쉬워. 머릿속에 넣어둔 걸 말하기만 하면 되니까.

## 그 고민, 우리라면
# 수학으로 해결합니다!

🧑 말하는 습관도 중요하지 않아? 나는 대학에 들어가서 다른 사람과 이 야기를 하지 않게 되더니 가끔씩 말을 해야 할 때 엄청 더듬거리게 됐 어. ㅋㅋㅋ

🧑 ㅋㅋㅋ 확실히 그런 경향이 있는 것 같아. 나도 고등학교 때 계속 말을 안 하다 보니 말수가 더 줄었거든. ㅋㅋㅋ

🧑 과묵한지 수다스러운지는 한마디로 혀가 잘 돌아가는가의 문제라 는 거?! 이거 완전 물리학이잖아.

🧑 물리학? 그게 무슨 말이야?

말하기의 3요소 <물리학>

| 힘을 주지 않으면 돌아가지 않는다 | 힘을 더 주지 않으면 돌아가지 않는다 | 가속도가 붙으면 돌아가기 시작한다 | 힘을 주지 않으면 멈춘다 |

i) 혀는 평면 위에 있는 공처럼 말하려는 노력을 하지 않으면 움 직이지 않아.

ii) 평소에 전혀 말을 하지 않는 사람은 혀가 무거워져서 말을 할 때(즉, 혀를 움직일 때) 더 많은 힘이 필요해.

iii) 하지만 힘을 내서 자신이 먼저 다른 사람에게 말을 걸려고 노 력하면, 상대방도 마음을 열고 이야기를 계속할 수 있게 돼. 반대로 포기해 버리면 다시 말을 잘하지 못하게 돼. 그러니까 항상 말을 계속하려는(혀를 움직이려는) 노력을 해야 해.

아하!

 그거 운동의 3법칙이지?

 딩동댕~! 정답입니다!

**말하기의 3요소 (계속)**

운동의 법칙은 뉴턴이 정리한 건데, 다음 세 가지로 이루어져.

　제1법칙 : 관성의 법칙

물체는 힘을 주지 않으면 움직이지 않는다.
→ 혀(공)는 노력하지 않으면 움직이지 않는다. (52쪽의 i)

　제2법칙 : 운동의 법칙 ($F = ma$)　　ㅣ이 식을
　　　　　　　　　　　　　　　'운동 방정식'이라고 해

무거운 물체를 움직이려면 더 큰 힘이 필요하다.
→ 혀가 무거운 사람(평소에 말을 하지 않는 사람)이 말을 하려면
　큰 힘이 필요하다. (52쪽의 ii)

　제3법칙 : 작용 · 반작용의 법칙

물체 A가 물체 B를 밀면 B도 A를 같은 크기의 힘으로 민다.
→ 상대방에게 말을 걸면 상대방이 대답해 주기 때문에 이야기를
　계속할 수 있게 된다. (52쪽의 iii)

   뭐야~ 진짜 물리잖아!

 말을 잘하지 못하는 사람은 이 법칙을 활용해 보면 좋을 거야.

 정말 그래. 말하는 습관이라고 할까, 계속 말을 하는 게 중요해. 나로 말할 것 같으면, 누가 막기 전까지 계속 말할 수 있는 사람이지만 말이야. ㅋㅋㅋ

 덴간은 처음 만난 사람과도 쉽게 대화가 이어지는 편이지? 그거 엄청난 재능이야.

 재능이 아니야. 수학이라고.

  ??? 설명 부탁드립니다~!

## 일차함수 형태의 대화
### <상점의 직원처럼 업무상 대화인 경우>

옷 가게의 직원은 스스럼없이 말을 걸어.
"이게 요즘 잘 나가요", "어떤 걸 찾으세요?"라고 하면서. 즉, 함수에서 상수 a가 높은 사람이지.
말수가 적은 사람이라도 상대방이 질문을 하면 쉽게 대화를 이어갈 수 있어. 게다가 옷이라는 공통 주제가 있으니까 대화에 활기가 돌지.
옷 가게의 점원은 업무상 대화니까 처음부터 계속 같은 페이스로 이야기할 수 있어. 이게 일차함수 형태의 대화인데, 왼쪽 그래프처럼 나타낼 수 있어. 비즈니스에서 이루어지는 대화는 거의 이런 식이야.

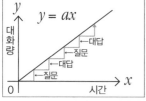

맞는 말이야! 나도 옷 가게에서는 자연스럽게 이야기하게 되더라고.

상대방과 공통 주제가 있으면 과묵한 사람도 이야기를 할 수 있다는 거네.

하지만 처음 만난 친구와 이야기할 때에는 금방 끝나 버리잖아. 덴간, 그런 경우는 어때?

## 이차함수 형태의 대화 <친구의 경우>

처음 만난 친구와 대화하는 건 어려운 일이야.
① 서로의 공통점이 무엇인지 모른다.
② 상대방의 관심사를 모른다.
이런 이유로 처음에는 상황을 지켜보면서 말을 아끼는 경향이 있어.
오른쪽 이차함수 그래프의 오른쪽 곡선처럼 말이야.

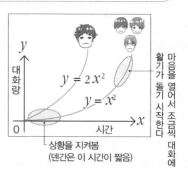

이차함수 형태의 대화 〈친구의 경우〉 (계속)

하지만 공통점이나 관심사를 알게 되면 이야기가 이어지기 시작하잖아? 그게 이차함수 형태의 대화인 거지. 앞의 그림처럼 원점을 지나는 이차함수는 $y = ax^2$이라고 쓰는데, 이때 $a$가 클수록 가파른 형태의 곡선이 돼.

나는 $y = 2x^2$ 그래프 같은 성격이라서 상수 $a$가 높은 편이니까 상황을 지켜보는 시간이 짧고 금세 대화에 활기가 돌아.

처음 만났을 때는 만난 장소나 어디 사는지에 대한 이야기로 시작하고, 서서히 공통점이나 관심사를 찾아내려고 해.

 질문이 중요하다는 거지?

한마디로 말하자면, 상대방과 나 사이에 다리를 놓는 것이라고나 할까?!

그건 그래! 애니메이션이 되었든 게임이 되었든, 공통 관심사라는 다리가 놓여 있는 사람과는 신나게 이야기를 나눌 수 있으니까 말이야. 덴간은 아이돌 이야기가 나오면 말이 엄청 많아지잖아.

친구와의 대화는 그렇겠지만, 많은 사람 앞에서 이야기할 때는 아무래도 경험치가 중요할 것 같아. 경험이 많을수록 자신감이 생긴다고 볼 수 있고…….

수학 공부와 비슷하네.

이게!
너무 잘 알지~

## 성공 경험을 늘린다 〈수학 공부법〉

수학 문제집은 얇을수록 좋아.

두꺼운 문제집과 씨름하며 '아직 이것밖에 못했다니!' 하고 좌절하는 것보다, 얇은 문제집을 한 권씩 해치우면서 '해냈어! 다음 책으로 넘어가자'고 생각하는 편이 경험치와 자신감을 붙여줘서 성적을 올리는 데 도움이 될 거야.

많은 사람 앞에서 이야기할 때는 말하는 방식도 중요할 것 같아. 그래서 소개하고 싶은 이론이 있는데~ ㅎㅎㅎ

 ㅋㅋㅋ 웃는 걸 보니 왠지 수상한데, 괜찮으려나. ㅋㅋㅋ

열변 중

## '다른 사람에게 이야기한다=노래한다' 방정식 <다변수 함수>

대부분의 노래는 A파트-B파트-후렴으로 진행되잖아? 사람들 앞에서 하는 연설도 사실은 노래와 비슷한 거야. 그러니까 **이야기에도 후렴을 만들자**는 게 내 이론이야.

노래는 후렴 부분에서 감동을 줘. 왜냐하면 후렴에 정보량이 많기 때문이지.
같은 노래라도 강약이 없는 창법으로 부른다면 듣는 사람의 마음을 움직이기 어렵지만, 아래 그래프처럼 후렴 부분에서 정보량을 늘리면 듣는 사람을 감동시킬 수 있어.

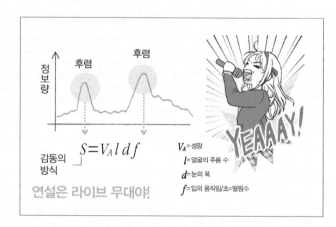

$$S = V_A l d f$$

$V_A$=성량
$l$=얼굴의 주름 수
$d$=눈의 폭
$f$=입의 움직임/초=떨림수

연설은 라이브 무대야!

후렴 부분의 정보량을 결정하는 요소는 성량만이 아니야. 표정이나 입의 떨림수 등 여러 요인이 있어. 그런 정보들이 듣는 사람, 보는 사람의 마음을 흔드는 거야. 그건 노래를 부를 때뿐 아니라, 다른 사람에게 이야기할 때도 마찬가지라고 생각해. 자신의 이야기로 상대방의 마음을 움직이려면 이야기의 내용도 중요하지만 그보다도 **목소리, 표정, 얼굴의 움직임, 몸짓, 손짓 같은 정보량을 늘리는 게** 도움이 될 거야.

다들 스즈미야 하루히*를 본 적 있어?

 애니메이션에서는 보통 얼굴에 주름까지 넣지는 않잖아? 하지만 하루히가 노래를 부르는 장면을 보면 얼굴에 주름이 엄청 들어가 있어. 입을 움직이는 모습도 구체적이고. 그런 하루히의 표정을 보고 우리들은 감동을 받는 거야. ㅋㅋㅋ

 ㅋㅋㅋ

 결국 말하는 내용보다 마음이라는 거지! 간절함이나 즐거운 마음을 목소리와 표정으로 표현하면 그게 상대방에게 전해진다는 말씀?

 바로 그거야! 역시 덴간이 잘 안다니까!

 정리

사람들 앞에서 이야기를 잘하고 싶다면 다음 세 가지를 기억하면 돼.

i) 제대로 준비하자.
ii) 말하는 노력을 게을리 하지 말자.
iii) 표정을 풍부하게 만들자. 내용보다 마음!

여기에다 나는 한 가지를 더 보태고 싶어

iv) 숫자를 근거로 들거나, 그래프로 만들어서 보여 주자.

다른 사람에게 이야기를 할 때 숫자라는 개념은 매우 중요해. 객관성이 생기고 설득력이 높아지니까 말이야. 예를 들어 면접에서 "육상을 열심히 했습니다"라고 말하기보다 "육상 대회에서 처음엔 50등밖에 못했지만 2등까지 한 적이 있습니다"라고 말한다면, 얼마나 대단한 일을 해낸 것인지 잘 전달될 거야.

# 그림을 활용하자

우리 이과생들에게 '그림'은 없어서는 안 될 존재야. 그림에는 시각적인 이해를 돕고 머릿속을 정리해 주는 힘이 있거든. 그래서 머릿속이 복잡할 땐 종이와 펜을 꺼내서 떠오르는 걸 모두 적기도 하지. 그러면 이리저리 뒤섞인 정보가 정리되고 해결의 실마리가 보일 때도 있거든.

하지만 '그림'이라고 한마디로 말해도 그림에는 여러 종류가 있기 때문에 어떤 때에 어떤 그림을 사용해야 하는지 고민되기도 해.

예를 들어 아래의 두 가지 표를 그림으로 나타내는 경우에, 각각 어떤 그림으로 만들면 좋을까?

표 1 하나오와 덴간이 2015년~2020년에 먹은 타코야키의 개수

|  | 2015년 | 2016년 | 2017년 | 2018년 | 2019년 | 2020년 |
|---|---|---|---|---|---|---|
| 타코야키 개수 | 250 | 100 | 500 | 420 | 150 | 1,000 |

표 2 타코야키의 종류와 각 종류별로 먹은 비율

| 타코야키 종류 | 2015년 |
|---|---|
| 기본 | 73% |
| 파+마요네즈 | 15% |
| 명란+마요네즈 | 10% |
| 매운맛 | 2% |

막대그래프? 꺾은선그래프? 원그래프? 어떤 그래프를 사용해야 할지 모르겠다면 오른쪽 체크 포인트를 활용해 봐. 무엇을 표현하고 싶은지에 따라 그림의 종류는 달라져. 물론 그래프의 종류는 이외에도 아주 다양해. 하나씩 소개하자면 끝이 없을 정도지. 수학 문제를 풀 때뿐 아니라, 일상생활에서도 그림이 도움이 되는 경우는 꽤 많아. 그러니까 꼭 활용해 봐.

참고로, 위에서 보여준 타코야키 표 중 표 1은 꺾은선그래프로, 표 2는 원그래프로 나타내는 게 정답이야.

**check point 1**
전체 중에서 차지하는 비율을 보고 싶다

Yes → 원그래프

No → **check point 2**
변화를 보고 싶다
비교하고 싶다

비교 → 막대그래프

변화 → 꺾은선그래프

# 제 3 장

연애
고민

# 연애하고 싶어요

이것도 자주 나오는 고민이야. 난 솔직히 초등학생, 중학생, 고등학생 들에게 연애는 이르다고 생각하지만, 그래도 너무 간절하다면 답해 줄게. 그럼 시~작!

우리야말로 해결하고 싶은 고민이네.

그러네.

연애하고 싶다고 얘기하는 친구들은 고백 같은 건 제대로 해 본 적 있으려나?

그러게 말이야! 수학 시험에 나오는 지문 중에, 집에서 출발한 A가 지갑을 집에 두고 온 걸 알아차렸으면서도 귀찮아서 집으로 돌아가지 않으면, 'A가 이동한 총 거리를 구하라'는 문제가 성립되지 않는 것과 같잖아!!!

……

무슨 말이야, 그게?

미안. 수학과 출신이라 그래.

뭐, 그건 그렇고, 김효준은 고백해 본 적 있어?

없어.

나 굉장한 이론을 하나 생각해 냈어. 이름하야 사랑의 끌어당김 이론.

## 사랑의 끌어당김 이론 <물리>

만유인력의 법칙은 뉴턴이 발견했는데, 질량이 커질수록 또는 물체들 사이의 거리가 가까워질수록 서로를 강하게 끌어당긴다는 이론이야.

〈그림 1〉

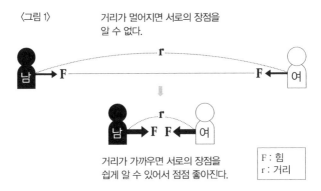

사랑도 마찬가지야.
① 두 사람의 거리가 가까워지면 사랑에 빠지기 쉽다(그림 1).
② 질량이 클수록 사랑에 빠지기 쉽다(그림 2).

〈그림 2〉

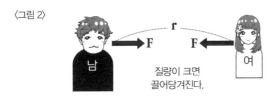

질량이 크면
끌어당겨진다.

➡ 질량이 큰 덴간은 인기남!

 그냥 웃기고 싶은 거잖아! ㅋㅋㅋ

## 그 고민, 우리라면
# 수학으로 해결합니다!

 재밌는 이론이기는 하지만 현실감은 부족한 것 같아.

그래서 난 더 현실적인 이론을 생각해 봤어.

### 타율 이론! <백분율>

이성친구를 사귀기 위한 방법 중 가장 쉽고 빠른 건 바로 먼저 고백하는 거야. 하지만 사람들은 "차일까 봐 두려워", "상처받고 싶지 않아"라며 고백하지 못하지. 그래서 소개하고 싶은 게 바로 타율 이론이야. 고등학생 A와 B를 예로 들어서 설명해 볼게.

A

지금까지
3명에게 고백
사귄 횟수는 1

B

지금까지
5명에게 고백
사귄 횟수는 3

• 두 사람이 차인 횟수는?

A : 3 − 1 = 2
B : 5 − 3 = 2

두 사람 모두 차인 횟수는 2번이니까 마음에 입은 타격도 같아.

• 두 사람의 성공 확률(백분율)은?

A : 1 ÷ 3 × 100 = 33.33%
B : 3 ÷ 5 × 100 = 60%

두 사람 모두 마음에 입은 타격은 2이지만 성공 확률(타율)은 B가 압도적으로 높아. 실패 횟수가 같다면 많이 시도하는 쪽의 성공 확률이 높아지는 거지.

 그렇구나!

하지만 다섯 번 고백해서 세 번 성공이라니, 타율이 너무 좋은 거 아냐? ㅋㅋㅋㅋ

ㅎㅎㅎ 그렇긴 해. 어쨌든 내가 말하고 싶은 건 고백하지 않으면 아무 일도 일어나지 않는다는 거야.

맞아. 정말 그래.

처음 고백했을 때 차이면 타율(성공 확률)은 0이야. 두 번째 고백도 실패한다면 타율은 계속 0이지. 여기서 포기하면 타율은 영원히 0이겠지만, 세 번째 고백에서 성공한다면 타율은 한 번에 3할 3푼 3리까지 올라가는 거야!

그럼 왠지 해볼 만한 것 같아.

앗! 나 지금 덴간이 말한 타율을 더 높일 수 있는 방법을 찾은 것 같은데!

## 타협 이론 <비례·반비례>

솔직히 말해서, 진심으로 여자친구를 사귀고 싶다면 눈을 낮추는 것도 중요하다는 이론인데, 이걸 활용하면 반드시 여자친구를 만들 수 있어. 오른쪽 그래프를 보면서 설명을 들어줘.

첫 번째 고백은 자신의 이상형에 100% 부합하는, 가장 인기 많은 아이에게 하는 거야. 그 아이에게 거절당하면 눈높이를 1/2로 낮추는 거지.

두 번째 고백은 이상형에 50% 맞는 사람, 세 번째는 25%, 네 번째는 12.5%, 다섯 번째는 6.25% 맞는 사람에게 하는 거야.

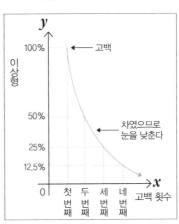

김효준의 타협 이론 (계속)

오른쪽 그래프는 눈높이와 여학생 수의 관계를 나타낸 거야. 여학생이 100명 있다면 이상형에 100% 가까운 사람은 아마 1~2명뿐일 거야. 하지만 반대로 눈높이를 0에 두면 (누구라도 좋다고 생

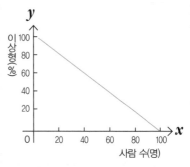

각하면) 100명 모두가 고백의 대상이 되는 거지. 앞에 나온 그래프와 겹쳐서 보면 알 수 있듯이, 고백 횟수가 늘어날수록 연애 대상의 수도 늘어나. 그 결과, **여자친구 또는 남자친구를 쉽게 만들 수 있어.**

 그러니까 결론은 눈을 낮추라는 말이지? ㅋㅋㅋ

 ㅋㅋㅋ 정답! 정말 연애를 하고 싶다면 타협을 거듭할수록 연애 대상이 늘어나고 확률은 높아져.

 이 이론, 의외로 현실적으로 커플의 본질을 꿰뚫고 있는 것 같아. ㅋㅋㅋ

 백마 탄 왕자님은 그렇게 많지 않으니까 말이야.

 그야말로 세상살이가 만만치 않다는 걸 보여 주는 이론이야···. 쉬운 게 없어.

 근데 타협하지 않고 자신의 이상형에 딱 맞는 사람에게 고백했을 때 성공률을 높일 수 있는 방법은 없을까?

 사실은 말이야, 그런 방법이 있긴 해. 바로 내가 만든 일주일 전 이론! 이지.

## 덴간의 일주일 전 이론 <벡터 합>

이상형에 딱 맞는 사람에게 고백할 때 제3자의 힘을 빌리면 성공률이 높아진다는 이론이야.

갑자기 "좋아해. 나랑 사귀자"라고 고백하면 어떻게 될까? 아마 상대방은 깜짝 놀라서 "뭐라고? 어떡하지. 그건 안 될 것 같아…… 미안해"라고 할 거야. 그러니 친구에게 부탁해서 고백하기 일주일 전에 "덴간이 너 좋아한대"라고 미리 이야기해 두는 거야. 그러면 '앗♥ 덴간이 날 좋아한다고?'라며 마음의 준비를 하게 되고, 고백했을 때 승낙을 받기 쉬워지는 거지. 이건 수학의 벡터 합과 같은 사고방식이야.

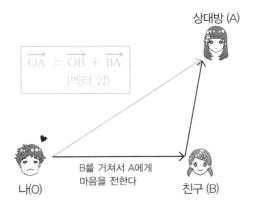

벡터 합은 O에서 A로 가는 경우, B를 경유해 가더라도 결과는 같다는 뜻이야. 그걸 수식으로 나타낸 게 위의 네모 상자 안에 있는 식이야. 이상형인 여자 아이(A)에게 고백하는 경우 친구(B)를 이용해 마음을 전하는 거지.

   오오~!

 이건 연애뿐 아니라 모든 인간관계에 적용할 수 있는 이론 같은데?!

여기서 내가 하나 덧붙여도 될까?

  물론이지!

## 연애란 관성의 법칙이다!

53쪽에서 소개한 '운동의 법칙' 중 '관성의 법칙'을 활용하는 거야. 어떤 물체든 외부에서 힘을 받지 않는 한 '정지해 있는 물체는 계속 정지한다'는 법칙 말이야. 이 법칙에서 이어지는 내용은 '운동하고 있는 물체는 등속직선운동을 계속한다'는 거야. 연애도 이거랑 비슷하다는 생각이 들지 않니?

 정말 그러네. 움직이지 않으면 시작하지 않는다는 점도 그렇고, 연애도 해 본 사람이 계속한다는 점도 그렇고.

 대학 때 내가 소개해서 사귀게 된 커플이 있는데, 결혼까지 했어. 사랑을 움직인 거지.

 정말이야? 사랑의 큐피드가 여기 있었네. 덩치가 아주 큰 큐피드. ㅋㅋㅋ

 덩치 얘긴 안 해도 되잖아. ㅋㅋㅋ

 정리

 TV 드라마에서든 소설에서든 사랑은 영원불변의 소재야. 그만큼 많은 사람이 연애 문제로 고민하고 있는 거겠지.
우리도 많은 일이 있었어. 아무래도 나이가 있으니까. ㅋㅋㅋ
여기서는 굳이 말하지 않았지만 말이야.
이번 고민 해결에 '타협 이론'이나 '일주일 전 이론' 등이 나왔는데, 모든 이론을 통틀어 말하고 싶은 게 하나 있어. 바로 사랑을 얻기 위해 움직이지 않으면 아무 일도 일어나지 않는다는 사실이야. 이 것만은 꼭 기억해 두기를 바라.

# 벡터 합

덴간의 '일주일 전 이론'은 벡터 합을 활용한 거였어. 벡터는 이해하기 어려운 개념이지만, 잘만 활용하면 아주 편리해. 왜냐하면 벡터는 크기와 방향이라는 두 개념을 동시에 다룰 수 있기 때문이야. 우리가 살아가는 데 '방향'이라는 건 매우 중요해. 예를 들어 줄다리기를 하는 장면을 떠올려 보자.

30 대 30의 반 대항 줄다리기 시합이 열리고 있어. 양쪽 학생들이 온 힘을 다해 줄을 당기고 있지만 줄은 좀처럼 움직이지 않아. 하지만 줄다리기 시합이 끝난 후에 혼자서 줄을 당기면 쉽게 움직이지.
60명의 힘으로 당겨도 움직이지 않던 줄이, 왜 한 사람의 힘으로는 쉽게 움직이는 걸까?

당연한 얘기지만 30명이 반대 방향으로 당기고 있었기 때문이야.

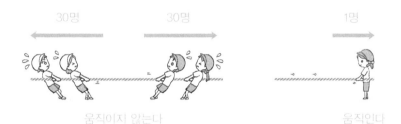

움직이지 않는다                    움직인다

이 예시를 통해 알 수 있는 것은, 아무리 큰 힘이라도 가지고만 있어서는 소용이 없고, 그 힘을 목표로 하는 곳에 쏟는 게 중요하다는 사실이야.
여자친구를 사귀고 싶은 사람도 무작정 노력만 하는 게 아니라, 마음에 둔 사람을 향해 정성을 쏟는 게 좋을 거란 얘기지. 그렇게 한다면 의외로 쉽게 가까워질 수 있을지도 몰라.

## 고민 8 **사랑이란 감정이 무엇인지 모르겠어요**

좋아하는 마음이 생기지 않는다……라는 고민인데, 왜 그런 걸까? 여기 있는 4명도 연애 박사라고는 할 수 없지만, 그래서 오히려 재미있는 해결책을 발견할 수 있을지도 모르겠어. 그럼 시작해 보자.

 모두들 사랑은 하고 있나요?

   ……

 안 하고 있어?

   ……

 반응이 없네.

 아무래도 이 정도 나이가 되면 시시콜콜 이야기하지 않으니까.

 그럴 수도 있겠네. 그럼 여러분~ 성별을 불문하고 좋아하는 사람은 있나요?

 있어요!

 다행이야. 이제 좀 안심이 되네. ㅎㅎㅎ

 사람을 좋아할 수 없다니, 왜 그런 걸까?

 좋아하는 타입의 사람이 아직 나타나지 않은 게 아닐까?

 그것도 말이 되는 것 같아.

68

**사랑하지 못하는 이유를 찾아보자.**

## '연애 대상이 주변에 없음' 가설

아무도 좋아지지 않는 게 아니라, 단순히 좋아하는 타입의 이성이 주변에 없는 것일 뿐인지도 몰라. 이런 경우에는 만나는 사람들을 늘리기만 해도 좋아하는 사람이 생길 확률은 높아질 거라고 생각해.

 그렇구나. 승은 어떻게 생각해?

## '연애는 뒷전' 가설

연애보다 다른 일에서 충분히 만족하고 있는지도 몰라. 예를 들어 동아리 활동에 빠져 있거나 수능 공부에 열중하고 있거나……. 일이 바빠서 연애할 상황이 아니라는 이야기를 하는 사람이 많잖아. 마음의 문제가 아니라 물리적으로 '사람을 좋아할 시간이 없는 것'이라면 전혀 고민할 필요가 없어.

 맞아, 맞아.

 한 가지 더, 이건 내 이야기인데.

## '시간이 필요해' 가설

나는 사람을 좋아하게 되는 데 시간이 걸리는 타입이야. 같은 공간에서 시간을 공유하면서 조금씩 좋아지거든. 그리고 역치 A를 넘으면 '좋아한다'는 걸 알아차리지.

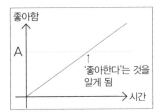

 맞아! 나도 그런 타입이야.

# 수학으로 해결합니다!

🙁 김효준이나 나처럼 누군가를 좋아하는 데 시간이 걸리는 사람이 그 시
간을 단축시킬 방법은 없을까?

😑 뇌과학 책에서 읽었는데……. 상대방에게 다정하게 대하면 그 사람을
좋아하게 된다고 하더라.

😟 뭐라고? 내 마음이 바뀐다는 거야?

😑 그렇다고 해. 인간의 뇌는 어리석기 때문에 '왜 내가 이 아이에게 잘해
주는 거지?' 하고 이유를 찾다가 '아! 내가 이 아이를 좋아하는 거였어'
하고 착각한다고 해.

🙁 오~

😑 이런 사실을 바탕으로 만든 이론을 소개할게.

### '누구에게든지 다정하게 대해서 사랑에 빠지자' 이론 <이차함수와 지수함수>

같은 집단 안에서 조금이라도 마음이 가는 한 사람을 정해서 아
주 다정하게 대해 줘. 그러면 처음에는 좋아하는 마음이 없다가
도 어느 순간 '좋아한다'는 마음이 생기고, 그 후부터는 가속도가
붙은 것처럼 좋아하게 될 거야. 이 현상을 나타내는 게 지수함수
그래프야.
중학교 3학년 때 $y = x^2$이라는 수식을 배우잖아. 이걸 **이차함수**라
고 해. $x$의 오른쪽 위에 작은 2가 붙어 있는 것 말이야. 이 함수와
달리, 지수함수는 $x$가 오른쪽 위에 작게 붙어. 예를 들어 다음 그
래프 중 $y = 2^x$가 지수함수야. 지수함수는 일반적으로 $y = a^x$라고
표현해.

지수함수의 특징은 오른쪽 그래프의 파란색 곡선처럼 어느 순간부터 급상승한다는 점이야. $y = x^2$에 비하면 빠르게 상승하는 거지!
연애는 지수함수와 비슷해. 누군가에게 계속 잘해 주다 보면

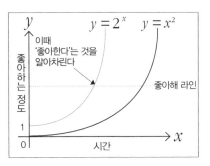

좋아하는 정도($y$)는 조금씩 증가하고, '좋아해 라인'에 도달한 시점에 '내가 이 아이를 좋아하나 봐' 하고 깨닫게 되지. 그 후부터는 그래프가 급상승하고 더 깊이 사랑에 빠지는 거야.

  아하!

 그런데 대부분의 남자아이들은 자기가 누군가에게 잘해 주던, 누군가가 자기에게 잘해 주던 결국 사랑에 빠지게 돼.

 그게 무슨 말이야?

 남자는 자기한테 다정하게 대해 주는 사람을 금방 좋아하게 되잖아? 그래프가 단숨에 급상승해. 지수함수처럼 말이야.

 맞아! 누가 잘해 주면 금방 넘어가잖아.

 인기가 없는 남자일수록 쉽게 사랑에 빠지지.

 그러니까 남학생들은 갑자기 친절하게 대해 주는 여학생을 조심해야 해. ㅋㅋㅋ

   넵!

 내가 생각한 가설도 기본적으로 김효준의 가설과 비슷해.

## '사랑은 만유인력' 가설 <물리>

다시 한번 만유인력 법칙을 떠올려 보자. (→ 61쪽)

두 물체에는 서로 끌어당기는 힘이 있는데, 그 힘은 거리가 가까울수록, 또는 질량이 클수록 강해지지.

61쪽에서는 '거리'와 '질량'을 물리적인 것으로 두고 설명했는데, 그걸 심리적인 것이라고 생각한다면 더욱 이해하기 쉬울 거야.

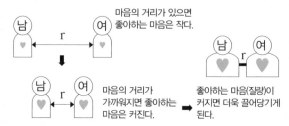

두 사람의 심리적인 거리($r$)가 가까워지면 빠르게 연인으로 발전해. 그리고 '사랑하고 싶다'는 마음이 강하거나 예전부터 좋아하는 마음을 키워 온 경우에는 끌어당기는 힘이 강력해지지. 그러니까 모두들 좋아하는 마음을 키우는 걸 소중하게 생각하자.

 대단하다!

서로 끌리기 시작했다면 더 이상 걷잡을 수 없어.

그게 사랑이라는 거야.

ㅋㅋㅋ 뭐야, 너희들? 갑자기 연애 고수라도 된 것 같잖아. ㅋㅋㅋ

근데 누군가를 사랑하는 마음 같은 건 설명하기 힘들잖아.

자자, 다시 수학 얘기로 돌아가자고. 사랑하는 마음을 설명할 수 없다는 건 근의 공식에 빗댈 수 있어.

## 사랑은 5차 방정식 <방정식>

수학은 보이지 않는 수량을 구하는 학문이라고도 해. 방정식은 그때 유용하게 쓸 수 있는 도구 중 하나야. 예를 들면 이런 게 있어.

【2차 방정식】

$$ax^2 + bx + c = 0$$

【2차 방정식의 근의 공식】

$$x = \frac{-b \pm \sqrt{b^2 - 4ac}}{2a}$$

3차 방정식과 4차 방정식에도 근의 공식이 있어.
하지만 **5차 방정식에는 근의 공식이 없어.** 왜냐하면 너무 복잡한 문제라 풀 수 없기 때문이야.
연애도 마찬가지야. 너무나 복잡한 나머지 공식으로 풀 수 없어. 그러니 공식도, 매뉴얼도 없는 연애 문제로 고민하고 있다면 자신과 상대방의 복잡한 마음을 하나씩 착실하게 풀어 가는 수밖에 없을 거야.

 수학도 만능이 아니다! 사랑은 수학으로 풀 수 없단 얘기?!

 아니야, 그럴 리 없어!

 하나오는 설명할 수 있어? 사랑하는 마음을?

 물론이지.

   오오~!

 이름하야 사랑의 욕조! 욕조를 무지개색 물로 채우자!

   ······

 영화 제목이야? ㅋ

 ㅋㅋㅋ 일단 들어나 보자고!

**열변 중**

## 사랑의 욕조! 욕조를 무지개색 물로 채우자! <함수>

수도꼭지에서 나오는 '사랑의 온수'가 욕조를 채우다가, 그 물이 넘치는 순간부터 사랑이 시작된다는 이론이야.

온수가 나오는 수도꼭지는 여러 개이고, 서로 다른 색의 온수가 나와.

예를 들면 이런 식이지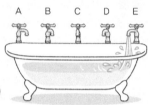

A : 이야기를 나누었다 (빨강)
B : 도움을 받았다 (파랑)
C : 스킨십을 했다 (노랑)
D : 재밌는 시간을 보냈다 (보라)
E : 외모가 마음에 든다 (초록)

A와 C : 자신이 수도꼭지를 돌리지 않으면 물이 나오지 않는다
B와 D : 가끔 수도꼭지가 열린다
　　 E : 수도꼭지가 계속 열려 있다

즉, 온수가 계속 나오는 수도꼭지는 E뿐이니까 좀처럼 욕조에 물이 채워지지 않는 거야. 사랑에 빠지지 못한다고 말하는 사람은 거의 이런 상태지.

그러니까 사랑을 하고 싶다면 욕조에 온수가 빨리 찰 수 있도록 직접 다른 수도꼭지를 틀어야 해.

그리고 물이 넘치는 순간 '이게 바로 사랑인가?' 하고 깨닫지만, 여러 색이 섞여 있기 때문에 자기 마음을 잘 설명하지 못하는 거야.

**정리**

사랑이라는 감정이 무엇인지 몰라서 고민인 사람도, 사실은 자각하지 못한 것일 뿐, 사랑이라는 감정을 키우고 있을지도 몰라.

그러다 어느 날 갑자기, 사랑의 불꽃이 타오르는 거지!

그런 순간을 위해서라도 먼저 다가가 보는 거야.

그럼, 모두들 멋진 사랑을 할 수 있길 바랄게.

수학 또는 우리들 이야기

# 사랑은 방정식일까, 항등식일까?

뜬금없는 질문이지만, 등식에는 두 종류가 있다는 사실을 알고 있니?
바로 '방정식'과 '항등식'이야. 두 식의 차이는 다음과 같이 쉽게 설명할
수 있어.

> 방정식: $x$에 특정한 수를 넣으면 성립하는 식
>
> 예) $2x + 2 = 4$
>
> \* $x$에 1을 대입하면 성립하지만, 2나 다른 숫자를 대입하면 성립하지 않는다.

> 항등식: $x$에 어떤 수를 넣어도 성립하는 식
>
> 예) $2(x + 1) = 2x + 2$
>
> \* $x$에 1, 2, 3 … 등 어떤 수를 대입해도 성립한다.

조금 억지스럽기는 하지만, 사랑을 수학에 비유하자면 누구라도 좋은 항
등식이라기보다 오직 한 사람에게만 성립하는 방정식이라고 할 수 있지
않을까? 그만큼 사랑의 모양은 사람마다 달라.

단! 사랑의 방정식에는 이런 함정도 있어. 예를 들어 $x^2 + 7x + 9 = x + 1$
같은 방정식이야. 함께 풀어 볼까?

$$x^2 + 7x + 9 = x + 1$$
$$x^2 + 6x + 8 = 0$$
$$(x + 2)(x + 4) = 0$$

답이 두 개나
나오잖아

(답) $x = -2, -4$

맙소사. '오직 한 사람'이 아니네.
이걸 연애에 비유하면, 남자친구(여자친구)의 마음속에 다른 누군가가 존
재할 가능성이 있다는 말이겠지.
거참…… 사랑의 방정식, 꽤 현실적인걸.

# 성욕을 참을 수 없어요

이번 고민에서는 책에 담지 못할 대화가 난무할 것 같은데… ㅋㅋㅋ 어떤 이야기들이 나올지 궁금한걸? 그럼 시작해 볼까~

15세 관람가?

OH!!

이 고민의 주인공은 남자 중학생 정도 되려나?

고등학생일 수도 있지 않을까?

다들 이런 문제로 고민해 본 적 있어?

……

성욕은 누구에게나 있는 거잖아. 근데 이런 고민을 하는 사람은 자기만 성욕이 있다고 생각하는 게 아닐까?

그럴 수도 있겠네. 그렇다면 내가 한마디 해 주고 싶어. 괜찮아! 그건 당연한 욕구라고!

인류는 그런 욕구를 통해서 자손을 남기고 영속해 왔으니까.

인간뿐 아니라 다른 동물들도 똑같아. 성욕은 본능이니까 말이야.

우리들도 어차피 동물이야. 동물에 인간이 포함되는 거지.

인간⊂동물   그림으로 나타내면 이렇게 →

↳ 부분집합 기호

하지만 인간은 다른 동물들과는 다르게 성욕에 따라서 살아갈 수 없어. 그러니까 고민하는 거야.

맞는 말이야.

내가 생각해 봤는데…… 성욕이라는 게 정자에 지배당하는 거 아닐까?

맞아, 맞아.

TV에서 봤는데, 정자는 3일이면 가득 차고, 그 후에는 몸속에서 분해 된다고 해.

슬픈 일이네.

정말 그래. 3일 만에 분해되는 거라면 그 전에 밖으로 나가고 싶어 할 것 같아. 내가 정자라면 말이야.

맞아! 꺼내줘~~~~라고 날뛸 거야. 그렇게 한다고 우리가 끌려 다닐 까? 만화 「명랑 개구리 뽕키치」에서 주인공이 자기가 입은 티셔츠 안에 서 사는 개구리 뽕키치한테 끌려다니는 것처럼 말이야. ㅋㅋㅋ

'명랑 개구리' 가설 <이미지>

최대치(역치)에 가까워지다

무리!

OK

명랑 개구리 뽕키치가 주인공 소년을 휘두르듯이, 정자에도 '의 지'가 있어서 성적인 행동을 유발하는 거야. 이게 성욕의 메커니 즘이지.

# 그 고민, 우리라면
## 수학으로 해결합니다!

하나오의 가설도 수학이야? ㅋㅋㅋ

역치를 사용했으니까 아슬아슬하게 수학이라고 봐 주자.

내가 전하고 싶었던 건 성욕에 대해서 죄의식을 갖지 말라는 거였어.

성욕 자체는 죄가 아니야. 하지만 성욕에 따른 범죄나 다른 사람에게
피해를 주는 행동은 죄지!

바로 그거야!

여기서 성욕 루틴 이론을 제안하고 싶은데…

ㅋㅋㅋ 괜찮으려나? ㅋㅋㅋ

## 성욕 루틴 이론 &lt;생활 계획표&gt;

아침에 일어나서 → 학교에 가고 → 수업을 받고 → 동아리 활동
을 하고 → 집에 돌아가는 것은 학생의 루틴이지?
여기에다가 개구리 산책 시키기(성욕 발산 운동)를 끼워 넣는
거야.
루틴이니까 성욕이 없을 때도 매일 반드시 해야 해.
그러면 성욕의 스위치가 꺼질 뿐 아니라, 성욕에 대한 죄책감도
점점 사라질 거야.

기상 → 아침 식사 → 옷 갈아입기 → 등교 → 수업 → 동아리 → 하교 → 저녁 식사 → 개구리 산책 (성욕 발산 운동) → 샤워 → 유튜브 시청 → 취침

이게 뭐야! ㅋㅋㅋㅋㅋㅋ

 ㅋㅋㅋㅋ 그래도 개구리가 폭주하지 않도록 진정시키는 데 효과가 있을
지도 몰라. 그나저나 덴간은 재수할 때 어떤 루틴으로 지냈어?

 ㅋㅋㅋㅋ 굉장히 성실한데?! 금욕적이라고 할까, 지루하다고 할까. ㅋㅋㅋ

 ㅋㅋㅋㅋ 재수생이니까. 머릿속에 넣어야 할 게 너무 많았거든.

 집중하기 위해서는 규칙적인 루틴이 필요해. 스즈키 이치로 같은 대단
한 선수도 루틴을 중요시했고.

## 유리수와 무리수 이야기

여기서 질문!
다음 두 숫자 중 규칙적인 것(루틴이 보이는 것)은 어느 쪽일까?

① 3. 1 5 6 1 5 6 1 5 6 …
② 3. 1 4 1 5 9 2 6 5 …

답은 유튜브에서 알려줄게.
농담이고, 다음 페이지를 봐 줘!

답은!
규칙적　　①  3.156156156…
불규칙적　②  3.14159265…

맞아. 3.156156156…이 규칙적이야.

①은 소수점 이하에서 156이 반복되고 있으니까 규칙적이야. 이런 숫자를 순환소수라고 해.
분수로도 나타낼 수 있기 때문에 **유리수**라고도 하지.

$$\frac{1}{3} \rightarrow \text{유리수}$$

$$3 = \frac{1}{3} \rightarrow \text{유리수} \quad \text{정수도 분수로 나타낼 수 있으니까}$$

$$0.3 = \frac{3}{10} \rightarrow \text{유리수}$$

$$3.156156… = \frac{1051}{333} \rightarrow \text{유리수}$$

한편, ②의 3.14159265…처럼 불규칙적인 소수는 분수로 나타낼 수 없기 때문에 무리수라고 해.
수학 시간에 배우는 유리수와 무리수가 사실은 이런 거야.
'그래서 이 얘기를 왜 하는 거야?'라고 생각하겠지만 ㅋㅋㅋ
**'일상생활도 유리수처럼 해 보면 어떨까?'**라는 게 내 생각이야.

3 . 1 5 6 1 5 6 1 5 6 1 5 6…
　　　먹　자　일　먹　자　일　먹　자　일　먹　자　일
　　　고　고　어　고　고　어　고　고　어　고　고　어
　　　　　　남　　　　남　　　　남　　　　남

**바로 이렇게!** 규칙적인 생활이 되는 거지. ㅋㅋㅋ 안정적이고 좋아.
반대로 3.14159265… 같은 무리수라면 1 뒤에 4가 나왔다가 5도 나오고, 그러다 갑자기 9가 나오니까 다음에 뭐가 나올지 예측할 수 없어. 그러니까 되는 대로 살게 되지.
유리수적인 생활과 무리수적인 생활, 어느 쪽이 더 좋은 것 같니?
나는 유리수 쪽이 건강한 삶이라고 생각해.

그러네.

 하지만 먹고 → 자고 → 일어나기만 하는 생활은 절대 건강하다고 볼 수 없어.

 ㅋㅋㅋ

 예를 들어 그렇다는 거지. ㅋㅋㅋ

 뭐, 그래도 루틴이 마음을 안정시킨다는 것만은 분명해.

 수능 공부를 할 때도 초조해하며 밤을 새운다고 해서 효율이 올라가는 건 아니니까. 매일 할 일을 정해서 시간표를 짜고 하나씩 확실하게 해나가는 것. 이쪽이 점수가 오르는 길이라고 생각해. 내 경험을 봐도 그렇고.

 먹고 → 자고 → 일어나기만 하는 생활 계획표로는 어림도 없겠지만~ ㅋㅋㅋ

 그건 그래. ㅋㅋㅋ

 정리

 누구에게나 많든 적든 성욕은 있어. DNA(유전자)에 새겨진 것이 겠지.

우리 조상들에게도 성욕이 있었기 때문에 우리들이 지금 여기에 존재할 수 있는 거야. 이렇게 보면 오히려 성욕이 고마울 정도야. ㅋㅋㅋ

하지만 인간은 자신의 의지로 성욕을 통제해야만 해. 그 점이 다른 동물과 구분되는 부분이니까. 그래서 필요한 게 유리수 같은 규칙적인 생활이야. 루틴은 몸과 마음을 안정시키고 집중력도 높여 줘. 시험에도 좋은 영향을 준다는 사실은 우리들의 경험만 봐도 알 수 있어.

자기 안의 개구리가 제멋대로 날뛰거나 너무 억압당해서 스트레스를 받지 않도록 적절한 산책이 필요하다는 걸 기억해 둬.

# 덴간의 재수 시절

79쪽에서 하나오가 갑자기 물어 보는 바람에 나의 재수 시절 하루 루틴을 소개했어. (막상 말하고 나니 꽤 쑥스러운걸.) 이왕 말이 나왔으니까 좀 더 자세히 이야기해 볼게.

| 7:00 | 9:00 | 12:00 | 13:00 | 16:00 | 20:30 | 21:30 | 22:00 | 23:30 | 24:00 |
|---|---|---|---|---|---|---|---|---|---|
| 기상 → | 학원 수업 → | 점심 식사 → | 학원 수업 → | 자습 예습 복습 → | 학원에서 나옴 → | 귀가 → | 자유시간 ⟨ 시청 등 → | 누워서 떠올려 봄 오늘 배운 것을 침대에 → | 취침 ♥ |

이 루틴의 포인트는 22시에 의도적으로 '자유시간'을 마련한 거야. 다들 이런 적 있지 않아? 무언가에 한창 집중하다 보니 피곤해져서 잠깐 5분 정도만 쉴 생각이었는데 정신 차리고 보니 30분이 지나 있는 경험 말이야. 루틴은 이런 사태를 막는 데 아주 효과적이야.

22:00~23:30 동안에는 공부에 대한 것은 잊어버리고 마음껏 노는 거야. (나는 주로 좋아하는 아이돌의 영상을 봤어.) 하지만 23:30에는 반드시 침대에 누웠어. 그리고 머릿속으로 가볍게 '오늘 뭘 배웠지?', '내일은 그 부분을 공부해야지' 같은 생각을 했어. 가볍게 돌아보는 거지. 그런 시간을 매일 가졌기 때문에 그때그때 해야 할 일을 잊지 않고 끝낼 수 있었어.
재수생 덴간의 하루는 이렇게 지나갔어. 일정한 리듬에 따라 하루를 보냄으로써 공부의 효율은 오르고, 무사히 오사카대학교에 합격할 수 있었지. 집중적으로 무언가에 몰입해야 할 때 '휴식도 루틴에 포함시키기'를 추천해.

# 제 4 장

# 자기 변화
# 고민

 **고민 10**

# 학교에 가기 싫어요

어른들은 하나같이 학교에 가야 한다고 말하는데, 정말 학교에 가는 게 의미 있는 걸까? 그런 의문이 드는 마음은 충분히 이해해. 그래서 우리도 진지하게 의논해 보려고 해.

학교에는 꼭 가지 않아도 돼. 가고 싶지 않다면 말이야. 동아리 활동을 하고 싶거나 친구랑 놀고 싶거나 공부가 재미있거나, 그렇게 기대되는 일이 있다면 가면 되고, 기다려지는 일이 없어서 가고 싶지 않다면 안 가도 돼. 그게 나의 대답이야.

ㅋㅋㅋ 이걸로 오늘 회의는 끝났네. ㅋㅋㅋ

수학은 하나도 들어 있지 않잖아. ㅋㅋㅋ

아니야, 이것도 수학이라고. 예를 들어 오른쪽 그림처럼 A 지점에서 B 지점으로 가는 길은 하나가 아니라 여러 개 있잖아? 수학에서는 이 최단 경로를 구하기 위해 순열을 사용해.

뭐라고?? 순열이 뭔지는 알지만, 그게 학교 이야기와 어떻게 이어지는 거야?

인생에서도 목적지에 가는 방법은 여러 가지가 있다는 뜻이야. 학교를 경유해 가는 방법도 있고, 학교를 다니지 않고 가는 방법도 있지.

그렇구나! 참고로 난 학교 긍정파야. 학교는 아주 의미 있는 곳이라고 생각해.

 나도 그래! 학교는 루이다 주점 같은 곳이거든.

 뭐라고? 루이다 주점???

## 루이다 주점 이론 <다변수함수>

루이다 주점은 '드래곤퀘스트'라는 게임에 등장하는데, 다른 캐릭터들을 만나서 친구가 될 수 있는 곳이야. 학교에도 다양한 개성을 가진 아이들이 모여 있고, 내가 어떻게 하느냐에 따라서 여러 친구를 만들 수도 있지. 그러니 학교란 '루이다 주점' 같은 곳이라고 할 수 있어.

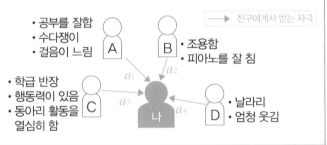

음악을 하는 친구의 이야기를 듣고 덩달아 악기에 관심이 생기거나, 동아리 활동에 빠져 있는 친구를 보고 '나도 한번 해 볼까' 하는 마음이 든 적이 누구나 있을 거야. 이렇게 친구에게서 받는 자극이 나의 매력으로 바뀌기도 해.

누구에게나 타고난 자기만의 매력이 있어. 그 크기를 $x$라고 해 보자. 다른 사람을 만나지 않으면 매력은 $x$인 채로 유지되지만, 친구에게서 자극을 받으면 새로운 매력이 더해지지. 이걸 수식으로 나타내면 다음과 같아.

$$y = x + a_1 + a_2 + a_3 + a_4 + \cdots$$

타고난 매력     학교 친구들에게서 받은 자극으로 더해진 매력

## 그 고민, 우리라면 수학으로 해결합니다!

루이다 주점 이론 (계속)

즉, 자신의 매력($y$)은 원래부터 타고난 것($x$)에다가 다른 사람들에게서 받은 자극을 더해서 꽃을 피우는 거야.

그래서 앞쪽의 수식 중 $a_1 + a_2 + a_3 + a_4 + \cdots$ 부분이야말로 **학교에 다니는 것의 의미**라고 생각해.

더 많은 사람을 만나거나 더 강한 자극을 받아서 더욱 매력적인 내가 되는 거지. 물론 나도 친구들에게 자극을 주고 있는 것이고.

> 학교에 다니는 것의 의미 =
> 친구와 자극을 주고받으며 함께 매력을 키운다

학교에는 싫은 사람도 있어. 촌스러운 사람도 있지. 하지만 그런 사람들까지도 '저렇게는 되지 말아야지'라며 자신의 매력을 키우는 데 반면교사로 삼을 수도 있을 거야.

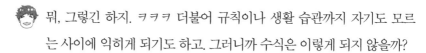 오오~!

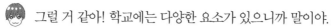 근데 학교는 학문을 배우는 곳이잖아. ㅋㅋㅋ

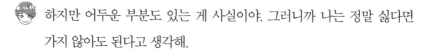 뭐, 그렇긴 하지. ㅋㅋㅋ 더불어 규칙이나 생활 습관까지 자기도 모르는 사이에 익히게 되기도 하고. 그러니까 수식은 이렇게 되지 않을까?

$$y = x + (a_1 + a_2 + \cdots) + (b_1 + b_2 + \cdots) + (c_1 + c_2 + \cdots)$$
$$\text{친구} \qquad\qquad \text{수업} \qquad\qquad \text{규칙이나 생활 습관}$$

 그럴 거 같아! 학교에는 다양한 요소가 있으니까 말이야.

 하지만 어두운 부분도 있는 게 사실이야. 그러니까 나는 정말 싫다면 가지 않아도 된다고 생각해.

 그것도 맞는 말이야.

학교에 가서 지식을 얻으면 인생에서 웃을 일이 늘어나.

 뭐? 그건 무슨 뜻이야?

 하나오랑 덴간은 고등학교 이과생들이 할 법한 농담을 자주 하잖아.

 그런 편이지.

 만약 나에게 지식이 없었더라면 그게 왜 웃긴 건지 몰랐을 거야. 공부를 해서 지식을 얻었으니까 웃을 수 있는 거지.

## 지식이 인생에서 웃을 일을 늘려준다 〈함수〉

공부 = 지식을 입력함

⬇

공부를 할수록 입력하는 지식의 양이 늘어난다

⬇

 의 이야기(출력)에 반응할 수 있다

⬇

 이 더 웃긴 농담을 계속 던진다

⬇

지식의 양이 급속도로 늘어난다

⬇

재밌는 상황이 점점 늘어난다

⬇

**인생에 웃을 일이 많아진다**

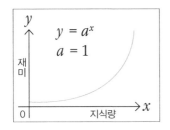

$y = a^x$
$a = 1$

재미

지식량

   그렇네~!

 학교에 가서 지식을 쌓으면 여러 사람과 이야기를 나눌 수도 있고, 재미있는 것을 보고 재미있다고 느낄 수도 있게 된다는 말이지?

바로 그거야! 그래서 하루하루가 더욱 즐겁고 풍성해지지! 게다가 우리 유튜브도 즐길 수 있고 말이야. ㅋㅋㅋ

## '우리의 유튜브가 보고 싶어진다' 가설 <순서도>

고등학교에 가서 수학을 공부한다

⬇

하나오 · 덴간 유튜브가 보고 싶어진다

⬇

하나오 · 덴간 유튜브를 보고 웃는다

⬇

수학 수업 시간에 '이거 하나오 · 덴간 유튜브에서 본 건데.
이런 뜻이었구나!' 하고 이해하게 된다

⬇

수학을 더 공부하고 싶어진다

⬇

**하나오 · 덴간 유튜브가 더욱 좋아진다**

⬇

지식량이 폭발적으로 늘어난다

  ㅋㅋㅋ      완전 광고잖아!

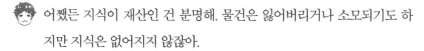 어쨌든 지식이 재산인 건 분명해. 물건은 잃어버리거나 소모되기도 하지만 지식은 없어지지 않잖아.

이과에서 배우는 걸 하나 더 추가할게. 내가 만든 특성 X선 이론을 소개해도 될까?

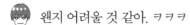 왠지 어려울 것 같아. ㅋㅋㅋ

이해하지 못 해도 괜찮아!
편하게 들어 줘.

## 승의 특성 X선 이론 <화학>

병원에서 엑스레이를 찍어 본 적 있니? 엑스레이는 X선이라는 전자기파를 사용해 몸속을 촬영하는 건데, X선에는 연속 X선과 특성 X선의 두 종류가 있어.

물질에 전자를 쏘면 그 부분에서 X선이라고 하는 빛이 나오는데, 그중에는 상대적으로 아주 강하게 방출되는 X선도 있어. 그게 바로 특성 X선이야.

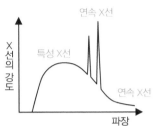

나는 이 X선의 모양과 인간의 매력에 대한 이야기가 연결된다고 생각해.

누구에게나 잘하는 것과 못하는 것이 있잖아.
예를 들어, 나의 경우는 아래 그림처럼 나타낼 수 있어.

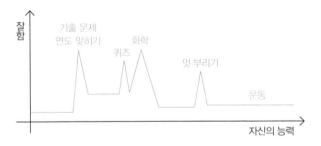

이 그래프에서 급격하게 솟아 있는 부분이 내가 잘하는 거야. 평평한 부분은 그다지 자신이 없는 것이고. 운동은 잘 못하지만 기출문제 연도 맞히기는 자신 있거든.ㅋㅋㅋ

내가 잘하는 것과 못하는 것을 나타낸 그래프와 X선 그래프는 비슷하게 생겼어. 즉, 누구에게나 강점은 있으니 그걸 발견하자는 말이야. (그런 의미에서) 학교는 자신의 강점을 찾고, 그걸 더욱 발전시키기에 적격이라고 생각해.

 오~!

승도 학교 긍정파가 된 거지? ㅋㅋㅋ

 긍정파까지는 아니지만 부정도 하지 않는 거라고 봐 줘. ㅋㅋㅋ

  ㅋㅋㅋ

**독백**

 나는 스스로를 평범한 사람이라고 생각하고, 둘 중 하나를 굳이 선택하자면 안정된 연속 X선 같은 인생을 바라고 있어. 하지만 특성 X선처럼 눈에 띄는 재능이나 재미있는 삶의 방식을 발견한다면, 그건 그거대로 즐거울 거라고 생각해. 자신에게 어떤 재능이 있는지 알려면 어느 정도 자극이 필요한데, 학교가 그런 자극을 주는 곳인 것 같아. '재밌는 녀석이네'라며 나를 인정해 주는 친구도 있고 말이야. 하지만 친구를 사귈 수 있는 곳이 학교뿐인 건 아니야. 그러니 너무 힘들다면 억지로 다닐 필요는 없다고 말해 주고 싶어. 사실 나도 여기 있는 이 재미있는 친구들을 학교 밖에서 만났거든.

 감동적인 이야기인걸~

 그러게 말이야. 근데 승이 우리들과 친구가 된 건 학교에서 수학을 공부하고 적분 서클에 들어왔기 때문이잖아. ㅋㅋㅋ

 맞아.

 그렇게 보면 역시 학교에 다니는 게 전혀 의미 없는 일은 아닌 것 같아.

   완전히 학교 긍정파가 되었잖아?!

**정리**

 학교에는 배움의 씨앗이 뿌려져 있고 가치관이 서로 다른 사람들이 모여 있어. 그러니까 그 속에서 자기자신의 폭을 넓힐 수도 있고, 지식에 깊이를 더할 수도 있고, 숨겨진 재능을 찾아낼 수도 있을 거야. 이렇게 긍정적인 시선으로 학교를 바라보는 건 어떨까?

수학 혹은 우리들 이야기

# 순열과 조합

내가 잘하는 분야를 선택해서 살아가는 것. 이런 멋진 삶은 수학의 '순열' 과 '조합'에 비유해 볼 수 있어. 간단히 말하면, 순열은 '선택해서 나열하는 것'이고, 조합은 '선택하는 것'이야.

체육대회에서 이어달리기에 출전할 선수를 뽑는 경우를 예로 들어서 설명해 볼게. 각 학급에서 전체 인원 30명 중 5명을 선수로 뽑기로 했어. 이어달리기에서는 출전 순서가 중요하기 때문에 1번 주자부터 5번 주자까지 '선택해서 나열하기'로 했지. 이렇게 '30명 중에서 5명을 뽑아서 순서대로 나열하는 방법은 몇 가지인가?'라는 질문을 받는다면 그건 '순열' 문제야. 그럼 다음 순서에 따라서 답을 구해 보자.

① 1번 주자를 뽑는다. → 30명 중에서 1명을 뽑는다. → 30가지
② 2번 주자를 뽑는다. → 나머지 29명 중에서 1명을 뽑는다. → 29가지
    이와 같은 방법으로 3번 주자 → 28가지, 4번 주자 → 27가지, 5번 주자 → 26가지라고 구할 수 있다.
③ 그 결과, 총 $(30 \times 29 \times 28 \times 27 \times 26)$가지의 방법이 있다는 것을 알 수 있다.

그런데 '출전 순서에 상관없이 우선 누가 나갈지부터 정하자'는 의견이 나왔어. 그럼 '선택'의 문제가 되지. 이렇게 '30명 중에서 5명을 뽑는 방법은 몇 가지인가?'라는 질문을 받는다면 그건 '조합' 문제야. 이 문제의 답은 다음과 같이 계산해서 구할 수 있어.

$\boxed{\text{30명 중에서 5명을 뽑는다.}} \times \boxed{\text{5명을 나열한다.}} = \boxed{\text{30명 중에서 5명을 뽑고 나열한다.}}$

위에서 설명한 내용을 바탕으로 숫자를 대입한다.

$\boxed{\text{30명 중에서 5명을 뽑는다.}} \times \boxed{5 \times 4 \times 3 \times 2 \times 1} = \boxed{30 \times 29 \times 28 \times 27 \times 26}$

따라서

$\boxed{\text{30명 중에서 5명을 뽑는다.}} = \dfrac{30 \times 29 \times 28 \times 27 \times 26}{5 \times 4 \times 3 \times 2 \times 1} = 142{,}506$

이렇게 30명 중에서 5명을 뽑는 방법이 몇 가지인지 구할 수 있다.

# 운동을 잘하고 싶어요

특히 초등학교 시절에는 공부를 잘하는 아이보다 운동을 잘하는 아이가 인기 있는 것 같아. 왠지 불공평하게 느껴지지만……. 어쨌든, 이과생인 우리들 나름대로 해결책을 찾아볼게.

다들 운동은 잘하는 편이었어?

글쎄~

나는 잘하는 편이었어.

이야~ ㅋㅋㅋ

운동을 잘한다는 건 어떤 상태를 말하는 걸까?

신경 전달의 효율이 좋은 것!

몸이 알아서 최적의 답을 선택해 빠르고 거침없이 움직일 수 있는 것!

어떤 점 A에서 B까지 쉽게 이동하는 것!

ㅋㅋㅋ 다들 이과생다운 답변이네.

맞습니다~

신경계는 다섯 살이면 약 80%까지 완성된다고 해.

우와~ 그렇구나. 그럼 어렸을 때 많이 움직인 아이들이 유리하잖아?

그럴 수도 있겠지. 근데 운동이라는 게 잘하게 되기까지 시간이 걸리지만, 능숙해지면 재밌어져서 폭발적으로 실력이 늘지 않아?

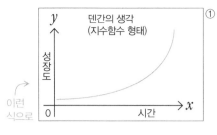

이런 식으로

아니! 그건 운동에 소질이 있는 사람에게나 해당하는 이야기야. 나 같은 경우 처음에는 한 번도 해 본 적이 없는 상태에서 시작하니까 조금씩 늘긴 해. 하지만 그 후에는 정체 상태에 머무르지.

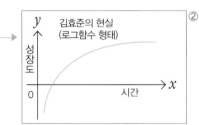

왜 그럴까?

운동을 잘하는 사람은 다섯 계단씩 성장하니까 금방 능숙해지지만, 운동을 못하는 나 같은 사람은 겨우 0.5계단씩 성장하니까 웬만해서는 100에 도달하지 못해. 그러다 시간은 끝나 버리고 말지.

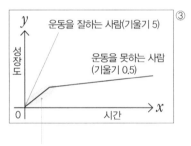

아무리 운동을 못하는 사람이라도 0에서부터 시작하니까 처음에는 실력이 늘지만 어느 시점부터 운동을 잘하는 사람과의 차이가 급격하게 벌어진다.

운동을 못하는 사람은 잘하게 되기 전에 포기하거나 그만둔다는 건가?

맞아! 그렇다니까!! 나는 마라톤 기록이 안 좋았거든? 근데 어느 날 주변에서 고개를 끄덕거리면서 달린다고 엄청 놀리는 거야. 그걸 의식해서 고쳤더니 조금은 기록이 나아지더라고. ㅋㅋㅋ

깨달음이 있다면 나아질 수 있다는 말이야?

그거 엄청난 힌트잖아!

## 그 고민, 우리라면 수학으로 해결합니다!

### 나아질 것인가 정체될 것인가는 자기자신에게 달렸다! <함수>

모두 이런 적 있어? 동아리에 들어가고 처음 3개월은 실력이 늘어. 그러다가 어느 단계(a)가 되면 정체 상태에 빠지는 경험 말이야.

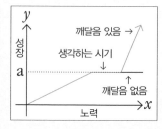

사실은 그때가 **잘하는 사람**과 **못하는 사람**으로 나뉘는 결정적인 시기야. 실력이 정체되었을 때 자기에게 무엇이 부족한지 고민해 **깨달음을 얻은 사람은 성장해**. 하지만 **깨달음을 얻지 못한 사람은 그대로인 거지**. 그 단계에서 포기하고 그만두는 사람도 있어. 이렇듯 운동에도 **생각하는 시간**이 필요한 법이야.

   그렇구나~ 꼭 화학 시간에 배운 평형 이동의 원리 같아.

**승의 이론을 보충**

### 평형 이동의 원리

화학 반응 중에는 시간이 지나도 겉으로는 아무런 변화가 없는 것처럼 보이는 상태가 있어. 이걸 평형 상태라고 하는데, 이때 외부에서 농도, 온도, 압력 등에 변화를 주면 갑자기 반응이 일어나. 이 원리를 운동에도 적용할 수 있어. 예를 들어, 다른 사람에게서 충고를 듣고 깨달음을 얻으면 단숨에 성장하는 것 같은 상황에 말이야.

변화를 주면 반응이 일어난다.

정말 그렇네. 애초에 계속 성장만 한다는 건 불가능해.

어떤 운동선수든 장애물이나 슬럼프가 있기 마련이니까.

최단 거리로는 목적지에 도착할 수 없어. 멀리 돌아가는 게 필요하다는 말이지.

재미있는 이론이 있어. 퀴즈를 낼 테니까 맞혀 봐!

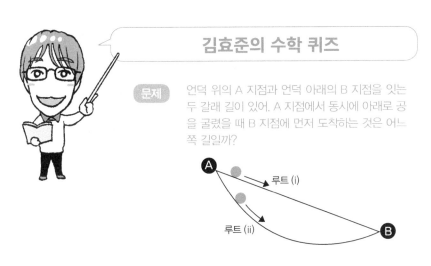

**김효준의 수학 퀴즈**

문제 언덕 위의 A 지점과 언덕 아래의 B 지점을 잇는 두 갈래 길이 있어. A 지점에서 동시에 아래로 공을 굴렸을 때 B 지점에 먼저 도착하는 것은 어느쪽 길일까?

A
루트 (i)
루트 (ii)
B

루트 (i)이지!! 직선이니까 최단 거리 같아.

나도 루트 (i). 딱 보면 알지. ㅋㅋㅋ

나는 답을 알고 있으니까 묵비권을 행사할게.

정답은 루트 (ii)야!

정말?! 곡선 쪽이 더 빨리 도착한다고?

응. 이걸 최속강하곡선이라고 해.

## 운동의 최속강하곡선을 찾아보자
### <물리 수학>

언뜻 보기에 직선이 빠를 것 같지만, 실제로는 그렇지 않다는 게 최속강하곡선의 재미있는 점이지. 운동도 마찬가지야. 실력을 키우는 데 오른쪽 그래프의 루트 1이 가장 좋은 길처럼 보이지만 실제로는 루트 4가 최적일 수도 있거든. 하지만 무엇이 정답인지는 해 보지 않으면 알 수 없어. 그러니까 언제나 시행착오를 겪어 보는 게 중요해.

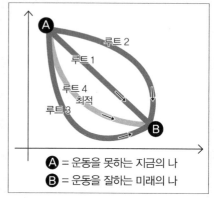

Ⓐ = 운동을 못하는 지금의 나
Ⓑ = 운동을 잘하는 미래의 나

'왜 못하는 걸까?', '더 좋은 방법은 없을까?' …… 이런 고민을 반복한 끝에 최적의 답을 찾을 수 있다는 말이야?

바로 그거야! 시행착오를 겪은 결과, 최적의 답에 도달할 수 있는 거지.

그렇구나~

"더 이상은 안 되겠어!"라며 포기한 순간에 성장은 멈추는 거야.

"이건 불가능해!"라고 단정 짓는 순간에 정말 불가능해지는 거고.

운동뿐 아니라 공부나 일을 할 때도 도움이 되는 말 같다.

우와! 진짜 멋진 말이다! 난 농구를 하다가 그만뒀는데, 이 말을 그때 알았더라면 지금쯤 NBA에 진출했을 거야. ㅋㅋㅋ

그럼, 그럼.

아니야, 아니야.

NBA에서 뛰는 김효준 보고 싶었는데~ ㅋㅋㅋ

다들 농담이 지나치네. ㅋㅋㅋ

성장하기 위해서는 자신의 성장 함수를 아는 것도 중요해. 그걸 모르면 김효준처럼 착각에 빠지기도 하니까. ㅋㅋㅋ 성장 함수를 알면 자신의 실력을 냉정하게 파악할 수 있어.

## 나의 성장 함수를 알자 <함수>

어떤 사람이든 일정한 비율로 성장하는 일은 거의 없고, 멈추기도 하고 퇴보하기도 하고 갑자기 성장하기도 해. 그런 추이를 나타낸 것이 **성장 함수**야. 예를 들어 볼까? 덴간, 재수할 때 성적이 어떻게 달라졌는지 알려 줄래?

뭐라고? 진심이야? 좀 부끄러운데~ ㅋㅋㅋ

덴간의 성적은 정말 대단하니까. ㅋㅋㅋ

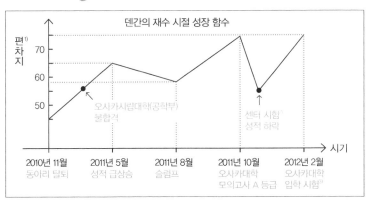

덴간의 재수 시절 성장 함수

편차지[1]

2010년 11월
동아리 탈퇴

2011년 5월
성적 급상승

오사카시립대학(공학부)
불합격

2011년 8월
슬럼프

2011년 10월
오사카대학
모의고사 A 등급

센터 시험[2]
성적 하락

2012년 2월
오사카대학
입학 시험[3]

시기

1) 일본의 입시에서 활용하는 점수로, '(자신이 얻은 점수 – 전체 응시자의 평균 점수)
 ÷ 표준편차 ×10＋50'으로 구하며 50이면 평균, 70 이상이면 고득점에 속한다.
2) 국공립대학에 지원하는 학생들이 공통적으로 치는 시험이다.
3) 대학별 입학 시험으로, 사립대학에 지원하는 학생은 이 시험만 치면 된다.

나는 명문 고등학교를 다닌 것도 아니고, 고등학교 3학년 11월까지 동아리 활동을 했기 때문에 공부에는 자신이 없었어. 당시 편차치는 평균 45 정도였지. 그때부터 열심히 공부했지만 결국 오사카시립대학 공학부에는 떨어졌어(200점이나 부족했거든ㅋㅋㅋ). 하지만 하면 된다는 걸 알고 있었기 때문에 재수를 하기로 결정했지. 처음에는 모르는 것투성이니까 조금만 공부해도 성적이 쭉쭉 올랐어. 하지만 어려운 문제와 맞닥뜨리게 되면서 슬럼프가 오고 말았지. 그때는 너무 힘들었지만 뭐가 부족한지 정리해서 그걸 보충하는 데 집중했어. 그 결과, 편차치는 75까지 올랐고 오사카대학에 합격했지.

 자기를 미분해 본 거구나?

 맞아! 미분을 하면 자신의 성장도(기울기)와 현재 수준, 노력 대비 성취도를 알 수 있지.

*미분은 125쪽 칼럼에서 자세히 설명할게.

최근의 성적(전적이나 기록)을 바탕으로 나의 성장 함수를 그려 보자.

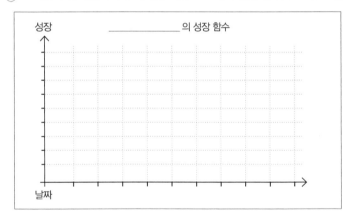

이번에도 다양한 이론을 소개했는데, 중요한 건 자신의 약점을 파악하고 극복하기 위한 방법을 찾아내서 실제로 시도해 보는 거야. 운동을 잘하기 위해 가야 할 길은 멀지만, 모두 포기하지 말고 계속 노력하길 바라.

# $a^0$에 대하여

학교에서 지수를 배울 때 "$a^2$은 $a$를 2번 곱한 것이다", "$a^3$은 $a$를 3번 곱한 것이다"라는 설명을 들었을 거야. 식으로 나타내면 다음과 같지.

$a^2 = a \times a \quad a^3 = a \times a \times a \quad a^4 = a \times a \times a \times a \cdots$

중학교에서 배운 내용이니까 기억하고 있는 사람이 많을 거야.
그럼 이제 조금 어려운 문제를 내 볼게.

$a^1 = \square$   □에는 무엇이 들어갈까?

답은 a야. a를 한 번 곱하니까 a지. 그렇다면,

$a^0 = \square$   □에는 무엇이 들어갈까?

답은 1이야!
"뭐야, 0이 아니었어?"라는 소리가 여기까지 들리는 것 같은데, 다시 말하지만 $a^0$은 1이야. 왜 그런 건지 차근차근 설명해 볼게.

$a^2 \times a^3$은 어떻게 계산하면 될까?
맞아. $a$가 모두 다섯 번 곱해지니까 $a^5$가 돼. 이건 중학교 수학에서 배우는 '지수 법칙' 중 하나야.

지수 법칙 : $a^m \times a^n = a^{m+n}$

그렇다면 $a^1 \times a^0$는 어떻게 되는 걸까?
앞의 문제와 마찬가지로 지수 법칙을 바탕으로 생각해 보자.

$a^1 \times a^0 = a^{1+0}$

즉 $a^1 \times a^0 = a^1$ 이 되는 거야.
이 식을 가지고 $a^0$가 1이라는 것을 증명해 보자.

$a^1 \times a^0 = a^1$ 〈양변을 $a^1$로 나누어서 계산하면……〉 $a^0 = \dfrac{a^1}{a^1} = 1$

짜잔, $a^0 = 1$이 되었어!

# 어두운 성격을 고치고 싶어요

TV나 유튜브에서 활약하는 사람들은 다들 눈부시게 빛나고 밝아 보여. 하지만 실제로도 그럴까? 세상 사람들은 이과생이 어두울 거라고 생각하는 경향이 있는데, 이과생인 우리들이 이번 고민에 답해 볼게.

자신의 성격이 어둡다고 생각해 본 적 있어?

유튜브의 하나오·덴간 채널에 '김효준의 하루'라는 영상이 있어. 내가 누구와도 대화하지 않고 오직 수업만 듣다가 하루가 끝나는…….

아아, 그 레전드 다큐멘터리 ㅋㅋㅋ

물론 그것보다 나은 날도 있긴 하지만, 일부러 밝게 굴 필요는 없다고 생각해. 피곤할 정도로 무리하는 거라면 하지 않는 편이 좋지 않을까…….

1년도 더 된 영상이야.

정답이 나왔습니다. ㅋㅋㅋ

솔직히 말하자면, 나는 전구랑 비슷한 것 같아.

전구? 무슨 뜻이야?

전구는 밝을 때도 있고 어두울 때도 있잖아. 언제나 활발하기만 한 사람은 없다는 말이지.

맞아, 맞아.

그래서 이런 이론을 생각해 봤어.

## '인간은 모두 전구다' 이론 <물리>

유튜브에서 보여지는 내 모습은 100W(와트) 전구처럼 아주 밝은 편이야. 하지만 영상을 만들 때 말고 평소에 친구들과 있을 때는 그렇지 않아. 늘 100W라면 몸이 이겨내지 못할 거야. 에너지를 충전하는 시간이 필요하지. 그래서 영상을 찍지 않을 때는 절전 모드로 바뀌어서 밝기가 알전구 수준으로 떨어져. 밝기는 사람마다 달라서, 언제나 40W 정도를 유지하는 사람이 있는가 하면 10~40W 사이를 오가는 사람도 있어.

오호~!

예전에는 늘 10W 정도였던 것 같은데, 지금은 최대 100W까지 낼 수 있게 되었어. 물론 시간제한은 있지만.

그러니까 초깃값이 낮은 사람도 최댓값을 높이는 것은 가능하다는 뜻이지?!

맞아, 맞아!

하나오의 최댓값은 저절로 올라간 거야?

나는 유튜브 영상을 촬영하면서 단련할 수 있었던 것 같아. 친구들이나 주위 사람들에게서 영향을 받기도 했지. 덴간이 옆에 있어서 안심하고 나 자신을 보여 줄 수 있었고, 그 모습을 보고 재미있다고 말해 준 사람들이 있었거든.

   그렇구나~

## 그 고민, 우리라면 **수학**으로 해결합니다!

 내 친구 중에 평소에는 엄청 밝은데 혼자 있으면 어두워지는 친구가 있거든…… 그 녀석은 방도 무지 어두웠어. ㅋㅋㅋ

 ㅋㅋㅋ

무슨 소리야, 그게? ㅋㅋㅋ

그러니까 외적 환경도 성격에 영향을 준다는 말이지. 그래서 생각해 본 게 성격의 밝음과 어두움=2요인 가설이야.

### 성격의 밝음과 어두움=2요인 가설 <덧셈>

활기는 성격에서 유래하는 것과 환경에서 유래하는 것으로 구성되고, 개인의 활기는 이 두 가지 요인의 덧셈으로 결정되는 거야.

| 성격에서 유래한 활기 | | 환경에서 유래한 활기 |
|---|---|---|
| 활기 = | • 긍정성<br>○ 자신감<br>△ 눈치 없음<br>• 어리석음 등 | + ○ 방의 밝기<br>△ 대화 상대의 명랑함<br>△ 자신을 보고 있는 사람의 수<br>○ 컨디션 등 |

＊○: 자신이 바꿀 수 있는 요소, △: 자신이 바꾸기 어려운 요소

  그렇구나~

주변이 밝으면 자신도 밝아진다는 말이야?

맞아. 동화되는 거지.

 밝아지고 싶다면 밝은 환경으로 가라는 뜻?

 그렇지! 대표적인 예가 바로 나야.

 확실히 김효준은 변한 것 같아.

 성격에 대해선 나도 할 말이 있어.

## 인생은 RPG 게임의 경험치 쌓기다
### <덧셈>

자신의 성격이
어둡다고 생각하는 사람
　　= 자기 긍정감이 낮은 사람

자기 긍정감이 낮은 사람은
　　자기자신에 대하여 뺄셈을 한다

'이건 못해, 저것도 안 돼'라며 자기자신에 대해서 뺄셈을 하기 때문에 자신감이 없어지고 스스로 성격이 어두운 사람이라고 믿게 돼. 하지만 우리는 **자기자신에 대해서 덧셈을** 해야 해. 왜냐하면 인간은 태어난 순간에는 아무 것도 할 수 없는 존재였지만, 나이를 먹을수록 할 수 있는 게 늘기 때문이야. 초깃값 0부터 경험치를 쌓는 RPG 게임처럼 축적만 하기 때문에 무조건 덧셈을 해야 해.

 대단해!

 여기서 반론! 게임에서도 높은 레벨일수록 올리는 게 더 힘들어지지 않아? 그래서 자신감을 잃어버리는 거야. 레벨이 계속 올라가기만 할 리 없어!

그것도 맞는 말이야! 하지만 나아지지 않아도, 아니 오히려 실패하더라도 자신의 인생에 있어서는 그 또한 경험치가 되는 거야. 그러니 레벨이 떨어지는 일은 없어.

 제가 졌습니다!

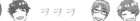 ㅋㅋㅋ

 그나저나 덴간은 언제나 에너지가 넘치는데 어디에서 그런 힘이 나오는 거야?

# 운동의 최속강하곡선을 찾아보자
## <물리 수학>

긍정적인 사람이 되려면 주변에서 도움을 받는 게 매우 중요해. 그러니까 교우관계를 넓히는 건 자신의 활기를 늘리는 데 도움이 될 거야. 수학적으로 말하자면…… 함수 그래프로 설명해 볼게. (아래 그림 참조)

### 가로축 = 교우 관계, 세로축 = 자신의 활기

〈그림 1〉의 원처럼 교우 관계의 범위가 한정되면 활기도 제한돼. 원의 방정식은 $x^2 + y^2 = r^2$으로 표현할 수 있는데, 이렇게 $y = \square$ 형태가 아닌 함수를 **음함수**라고 부르기도 해. 왼쪽 그래프는 음함수이고 닫혀 있지. 교우 관계를 넓히려고 하지 않거나, 새로운 분야나 흥미 있는 일에 도전하지 않으면 〈그림 1〉의 원처럼, 음함수의 음(陰)처럼 성격이 어두워져. 반면에 〈그림 2〉의 포물선처럼 교우 관계를 제한하지 않으면 활기에도 무한한 가능성이 열려. 이 포물선의 식은 $y = x^2$으로 나타내는데, $y = \square$ 형태로 되어 있으니까 **양함수**라고 부르기도 해. 음함수와는 다르게 그래프가 열려 있어. 마음이 개방적이어서 양함수의 양(陽)처럼 성격이 밝아지는 거야.

〈그림 1〉 음함수의 예

〈그림 2〉 양함수의 예

우와~!

 고등학교에서 배우는 건 주로 양함수지?

 맞아. 그러니까 음함수 같은 건 모르는 사람이 많을 것 같아.

 굳이 알아야 할 필요는 없어. 내가 하고 싶었던 말은 제한하면 음이 되고 개방하면 양이 된다는 것이었으니까.

  그렇구나.

 정말 그래! 나도 유튜브 덕분에 시야가 넓어져서 많이 밝아졌거든. 거기다가 한 가지 더하고 싶은 이론이 있어.

### 껍질을 깨는 PFM 이론 ~있는 그대로~
#### <자신을 둘러싼 껍질의 두께를 구하는 계산식>

인간은 다른 사람이 보지 않는다면 본래의 자신을 드러내잖아. 예를 들어 개방적인 환경에서 자유롭게 자란 사람은 개방적인 성격이 되겠지.

반대로, 주변 사람들과 비교하거나 주위에서 계속 지적을 당하거나 폐쇄적인 환경에 있으면 본래의 자신을 드러내기 힘들어. 자신을 둘러싼 껍질을 두껍게 만들어서 주위 사람들과 자기 사이에 벽을 두는 거지(오른쪽 그림 참조).

따라서 밝아지고 싶다면 자신을 둘러싼 껍질($d$)을 가능한 한 없애야 한다는 게 이 이론의 포인트야.

   이해했어.

 껍질을 없애려면 어떻게 해야 해?

### 껍질을 깨는 PFM 이론 (계속 ①)

자신을 둘러싼 껍질($d$)의 두께를 계산하는 방법을 알려 줄게.
수식은 P, F, M이라는 세 가지 요소로 이루어져 있어.

- P : 사람들(people)의 'P'로 인구밀도를 뜻해. **인파 속에서
  타인이 차지하는 비율**을 나타내지.

- F : 유동 인구(floating population)의 'F'로 **사람이 드나드는
  비율**을 나타내.

- M : 조화(match)의 'M'으로 조직을 향한 친화도를 나타내.
  자신이 속한 **조직에 대한 만족도**를 뜻하지.

먼저 간단하게 자신을 둘러싼 껍질의 두께($d$)와 P, F 사이의 관계를 설명해 볼게. 아래의 그래프를 봐. 그림 1은 인구 밀도(P)와 껍질($d$)의 관계야. 중·고등학교는 좁은 교실에 많은 학생이 모여 있잖아. 다른 사람의 시선이 느껴지니까 자신을 보호하기 위해서 껍질은 두꺼워져.

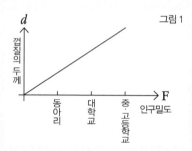

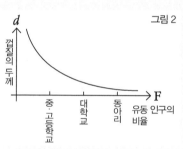

106

**껍질을 깨는 PFM 이론 (계속 ②)**

자, 드디어 자신을 둘러싼 껍질의 두께(*d*)를 계산하는 방법이 나올 차례인데, 아래의 식을 활용하면 구할 수 있어.

$$d = \frac{P}{FM}$$

[계산 예]

예를 들어, 좋아하는 가수의 콘서트에 갔다고 해 보자. 공연장은 아주 혼잡하니까 인구밀도는 높고, 몇 시간 후에 콘서트가 끝나면 모두 나갈 거니까 유동 인구의 비율도 높아. 그리고 같은 가수를 좋아하는 사람들이니까 친화도도 높지. 그걸 임의로 수치화하면 P=70, F=90, M=80 정도일 거야. 이 값을 위의 수식에 대입하면 이렇게 되지!

$$d = \frac{70}{90 \times 80} = \frac{70}{7200} = 0.00972$$

답 : 0.00972 아주 얇다!

*이 값이 얇은 편인지 두꺼운 편인지 평가하는 기준은 108쪽의 칼럼에서 소개할게.

  대단해!

 결국 '자신의 껍질을 얼마나 얇게 만들 수 있는가?!'의 문제야. 그래서 있는 그대로의 자신을 보여 줄 수 있는 집단이 중요한 거겠지.

이번에도 다양한 의견이 나왔어.

• 언제나 밝지 않아도 된다.
• 초깃값이 낮아도(즉, 성격이 어두워도) 얼마든지 높일 수 있다.
• 활기는 성격과 환경의 두 가지 요소에 따라 결정된다.
• 인생은 뺄셈이 아니라 덧셈이다.
• 교우관계의 범위를 제한하면 음함수가 되지만, 넓히면 양함수가 된다.
• 본래의 자신을 보여 줄 수 있는 집단에 들어가자.
세상 사람들이 어두운 캐릭터라고 생각하는 우리들이 도출해 낸 해결책이 조금이라도 도움이 되길 바랄게.

# 나를 둘러싼 껍질의 두께는?

107쪽에서 자신의 P값, F값, M값을 써 보자고 했어. 이제 그 숫자를 다음 식에 대입해서 계산해 보자.

$$d = \frac{P}{FM} = \frac{\boxed{\phantom{P값}}^{\text{P값}}}{\underset{\text{F값}}{\boxed{\phantom{F}}} \times \underset{\text{M값}}{\boxed{\phantom{M}}}}$$

계산해서 나온 숫자가 자신을 둘러싼 껍질의 두께야.

## 나를 둘러싼 껍질의 두께는 ＿＿＿＿＿＿ 이다!

여기서 구한 껍질의 두께에 따라서 지금 자신이 속한 곳에서 능력을 얼마나 발휘하고 있는지를 알 수 있어.
아래 표에서 현재의 자신이 어느 유형에 해당하는지 확인해 봐.

### 자신의 능력을 발휘하는 정도

크다 ━━━━━━━━━━━━━━━━━━ 작다

| 껍질의 두께 | ～0.01 | 0.01～0.5 | 0.5～1 | 1～10 | 10 이상 |
|---|---|---|---|---|---|
| 유형 | 자신의 장점을 마음껏 발휘 중! | 조심스러워 하는 중? | 먼저 말을 걸지 않아 | 슬슬 이 집단을 벗어나려고 해 | 완전히 벽을 쌓았어 |

＊숫자는 어디까지나 참고용이야.
〈호에이 조사 결과〉

껍질이 얇을수록 자신의 강점을 발휘할 수 있어. 만약 '나는 이렇지 않은데' 하는 생각이 드는 사람은, P, F, M 중 무언가를 개선함으로써 자신의 능력을 더욱 발휘할 수 있을 거야.
이렇게 수학은 일상에서 일어나는 일을 수치화하여 이해할 수 있게 해 주는 도구가 되기도 해.

# 제 5 장

# 인생
# 고민

## 고민 13

# 일하지 않고 편하게 살고 싶어요

초등학생, 중학생의 장래희망을 조사하면 유튜버가 높은 순위를 차지하고 있어. 분명 우리는 유튜버로 즐겁게 살고 있지만, 제대로 일을 하고 있는 것이기도 해. ㅋㅋㅋ 일에 대해서 이야기를 나눠보자.

김효준과 승도 일하고 싶지 않아?

당연하지. 온종일 게임만 하면서 살고 싶은걸.

하지만 '일하지 않으면 먹고살 수 없다. 그러니까 일한다.' 이런 사람이 대부분이지 않을까?

그럼 만약 복권에 당첨돼서 100억을 받는다면?

나는…… 일할 거 같아. 소속이 아예 없는 건 싫으니까 아주 쉽고 편한 일을 하면서 친구를 만들 거야.

나도, 나도. 다른 사람의 관심을 못 받으면 죽는 병에 걸렸으니까 일을 해야지. ㅋㅋㅋ

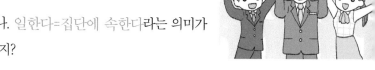

그렇구나. 일한다=집단에 속한다라는 의미가 강한 거지?

승이랑 나는 그렇게 생각하는 것 같은데…….

아무래도 어딘가에 속해 있지 않으면 불안하니까 말이야.

다른 사람들은 어떻게 생각할까?

# 일이란 무엇인가?

세상 사람들은 이렇게 생각한다(NHK의 '일본인 의식 조사(2018)'를 바탕으로 작성)

• 직장 동료와 어떤 관계이기를 바라는가?

❶ 형식적 ····························· 27.1%
  (업무와 직접적으로 관련된 범위 안에서)
❷ 부분적 ·································· 33%
  (업무 외에도 이야기를 나누거나 함께 논다)
❸ 전면적 ····························· 37.2%
  (무슨 일이 있을 때마다 의논한다)
❹ 기타 ······································· 0%
❺ 모르겠다 ···························· 2.7%

• 여가 시간을 주로 어떻게 보내는가?

❶ 좋아하는 것을 한다 ···················· 45.7%
❷ 다음 날을 위해 쉰다 ··················· 18.9%
❸ 운동으로 몸을 단련한다 ················· 8.6%
❹ 책을 읽거나 감성을 충전한다 ············· 7%
❺ 친구나 가족과 함께 시간을 보낸다 ······· 17.7%
❻ 봉사 활동을 한다 ······················· 1.2%
❼ 기타 ········· 0.4%    ❽ 무응답 ········· 0.8%

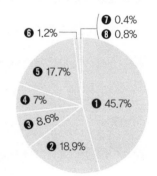

• 어떤 일이 이상적인가?

❶ 노동 시간이 짧다 ···················· 3.3%
❷ 고용 안정이 보장된다 ··············· 12.9%
❸ 건강을 해칠 염려가 없다 ············· 19.6%
❹ 연봉이 높다 ························· 8.9%
❺ 친한 사람과 함께 즐겁게 일할 수 있다 ·· 22.6%
❻ 책임자로서 진두지휘할 수 있다 ······· 2.2%
❼ 독립하여 자유롭게 할 수 있다 ········· 3.5%
❽ 전문 지식이나 기술을 활용할 수 있다 ·· 16.4%
❾ 세상에서 인정받을 수 있다 ··········· 0.2%
❿ 사회에 도움이 된다 ·················· 8.7%
⓫ 기타 ······························· 0.1%
⓬ 무응답 ····························· 1.5%

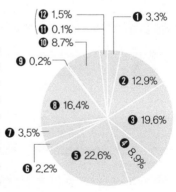

이상적인 일을 묻는 질문에는 역시 친한 사람들과 즐겁게 할 수 있는 일이라는 답이 많구나.

반대로 말하면 지금은 친한 사람들과 즐겁게 일하지 못하고 있다는 뜻 이려나?

내가 직장인이랑 유튜버 둘 다 해 봤잖아? 그래서 든 생각인데, 부모님 이나 어른들이 아이들에게 과장해서 말하는 거 같아. "회사는 재미없 어. 일이란 힘든 거야"라고 말이야.

나도 완전히 세뇌된 거 같아. ㅋㅋㅋ

그러니까 학생들은 평범한 일을 하고 싶지 않고 재미있어 보이는 일만 동경하는 거지.

그래서 초등학생이나 중학생들이 유튜버가 되고 싶다고 하는 거구나.

## 유튜버가 되고 싶은 너에게

나는 대학원을 졸업한 후에 사원이 몇만 명이나 되는 대기업에서 근무했고, 퇴사한 후에 유튜버가 됐어. 두 직업을 모두 경험해 본 결과, 가장 큰 차이점은 사람 수야. 수만 명 vs 2명. ㅋㅋㅋ

대기업에 있었을 때는 내가 하는 일이 세상에 어떤 도움이 되는 지 실감이 나지 않았어. 신입사원이라 실수도 했지만, 선배에게 도움을 받기도 했고, 다른 사람의 성과나 노력 덕분에 월급도 받 았어. 하지만 2명이서만 일한다는 건, 모든 게 우리에게 돌아온다 는 뜻이야. '재있다'는 반응을 얻는 건 기쁘지만, 기대를 받는 만 큼 책임감도 커지거든. 누군가에게 의지할 수도 없어. 그 모든 것 을 스스로 짊어지는 게 유튜버라는 직업이야.

열정을 가지고 '세상을 위하여 영상을 만들고 싶다'고 생각한다면 정말 보람 있는 일이야. 하지만 안일한 마음으로 시작한다면 생 각보다 힘든 경험을 하게 될지도 몰라.

# 장래에
# 되고 싶은 직업의 순위는?

**초등학생**

1위 운동선수
2위 의사
3위 교사
4위 크리에이터
5위 프로게이머
6위 경찰관
7위 요리사
8위 가수
9위 만화가(웹툰작가)
10위 제과*제빵사

응답자 5,101명

**중학생**

1위 교사
2위 의사
3위 경찰관
4위 군인
5위 운동선수
6위 공무원
7위 뷰티디자이너
8위 간호사
9위 컴퓨터그래픽디자이너·
　　일러스트레이터
10위 요리사

응답자 5,701명

**고등학생**

1위 교사
2위 간호사
3위 생명·자연과학자 및 연구원
4위 군인
5위 의사
6위 경찰관
7위 컴퓨터공학자·소프트웨어개발자
8위 뷰티디자이너
9위 의료·보건 관리직
10위 공무원

응답자 6,635명

2020 초·중등 진로교육 현황조사 결과

조언

어떤 일을 하든 좋은 동료가 곁에 있는 편이 좋을 거야. 그럼 어떻게 해야 좋은 동료를 만날 수 있을까? 그건 자기자신에게 달려 있다고 생각해. 다른 사람에게 '좋은 녀석이야', '열심히 하네'라고 인정받는 사람이 되면, 상대방도 나를 중요하게 생각하고 나에게 좋은 사람이 되어 줄 거야. 그러니까 '내 주변엔 좋은 사람이 없어'라는 생각이 든다면, 우선 자기자신부터 바꿔 보는 게 어떨까?

## 그 고민, 우리라면
## 수학으로 해결합니다!

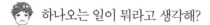 하나오는 일이 뭐라고 생각해?

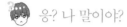 응? 나 말이야?

하나오를 좋아하는 학생들은 궁금해 할 거야.

나는…… 일이란 궁극의 심심풀이라고 생각해.

 뭐? 심심풀이??

ㅋㅋㅋ 응! 한가하니까 일을 하는 거야. ㅋㅋㅋ 일이라는 게 인생에서
많은 시간을 차지하잖아? 계산해 보면 알 수 있듯이 말이야.

### 인생에서 일하는 데 할애하는 시간 <곱셈>

근무 시간은 9시~18시. 중간에 휴식 시간이 1시간 있고, 출근하는
데 걸리는 시간이 45분. 업무를 시작하기 전에 준비하는 시간은
30분. 이런 경우에 일을 하는 데 쓰이는 시간을 계산해 보자.

i) 하루 중 일에 할애하는 시간

8시간 + 1시간 + 1.5시간 + 0.5시간 = 11시간
(노동)　　(휴식)　　(출퇴근)　　(준비)

ii) 일주일 중 일에 할애하는 시간

11시간(1일) × 5(일) = 55시간

iii) 1년 중 일에 할애하는 시간

1년의 주의 수는 365일 ÷ 7일 (1주) = 52.14주
55시간 (1주) × 52.14 (주) ≒ 2868시간

iv) 인생에서 일에 할애하는 시간
*고등학교를 졸업한 후 18~65세까지 근무한 경우

근속 연수는 65세 − 18세 = 47년
2868시간 (1년) × 47년 = 13만 4796시간

실제로는 야근이나 회식, 업무 기술을 익히는 시간도 있으니까 이보다 긴 사람들이 많을 거야.

13만 5000시간 가까이 된다니. 끝이 없잖아?

드래곤퀘스트도 일주일이면 레벨 99 정도 찍을 수 있는데.

13만 시간을 지루하게 보낸다는 건 힘들긴 하겠어.

맞아! 그러니까 일을 하는 거야.

그러네~!

숫자로 파악하는 건 역시 중요하지?

그게 수학의 힘이야!

참고로 수명이 85세인 경우에 살아 있는 총 시간을 구해 볼게.

24시간 × 365일 × 85년 = 74만 4600시간

이 시간 중 일이 차지하는 비율을 계산해 보면,

134796 ÷ 744600 = 0.18    18%야.

앗! 생각보다 적잖아? ㅋㅋㅋ

하지만 나는 이 18%를 충실하게 보내고 싶어. 지루하게 시간을 때우는 게 아니라 즐겁게 일을 하는 거야!

## 나는 어느 쪽일까? <양수와 음수>

다음 중 자신은 어느 유형에 해당하는지 골라 봐.

① 살기 위해서 어쩔 수 없이 일한다.
② ○○이니까 일하고 싶다.

어떤 유형인지에 따라서 인생은 크게 달라져.
①인 사람은 일에 수동적이고 ②인 사람은 일에 능동적이거든.

• ①인 사람은 일을 할 때 소극적이고 수동적이라서 좀처럼 성장하지 못하고, 한 번 실수를 하면 크게 움츠러들어.

• ②인 사람은 일을 할 때 적극적이고 능동적이라 빠르게 성장하고, 실수를 해도 '이렇게 하면 해결할 수 있지 않을까?'라며 시행착오를 겪어. 실수조차도 성장의 일부가 되는 거지.

**정리**

나는 재미를 느끼는 일을 직업으로 삼고 싶어. 취업에 성공했지만 유튜버의 길을 선택한 것도 그런 마음 때문이었어. 물론 일을 하면 힘들고 어려운 순간이 있어. 하지만 '쾌적한 생활을 위해서', 또는 '누군가를 기쁘게 해 줄 수 있으니까'처럼, 일에서 한 가지라도 긍정적인 의미를 찾을 수 있다면 능동적으로 일할 수 있어. 그러면 매일이 조금은 즐겁지 않을까? 그게 지금 이 시점에 내가 내린 결론이야.

# 내가 유튜버의 길로 돌아온 이유

나는 대학원을 졸업한 후에 대기업에 취직했는데, 그만두고 지금은 유튜 버로 활동하고 있어. 왜 그런 길을 선택했는지 이야기해 볼게.

너희들도 인생의 어느 시점에 진로를 고민하는 순간이 올 거야. 학창 시 절의 나는 대학에서 연구를 했고, 졸업 후에도 그대로 연구원이 될 거라 고 생각했어. 지금까지 공부한 것을 살려야 한다고 내 멋대로 정했기 때 문이야. 나는 학창 시절에 하나오와 유튜브를 했었는데, 그걸 직업으로 삼겠다는 생각은 전혀 하지 않았어. 그래서 일단 회사원이 된 거지. 즉, '무언가를 하고 싶다'는 마음에 따라서 직업을 선택한 게 아니라, 지금까 지 배운 것과 관련된 일을 해야 한다는 일종의 '의무감'으로 대기업에 취 직하는 길을 택했어. 하지만 '왜 이 일을 하는 것인지' 목적이 불분명했기 때문에 입사 후에는 수동적으로 일했지. 하지만 동시에 '하고 싶은 일을 한다'는 것이 정말 중요하다는 사실도 알 수 있었어.

그때였어. 오사카로 발령이 나고, 하나오를 만났을 때 "우리 다시 유튜브 해 보자"라는 말을 듣게 된 거야. 물론 망설여지기도 했어. 하지만 '나는 뭘 하고 싶은 거지?' 하고 스스로에게 물었을 때 나온 답은 '하나오랑 함 께 영상을 만들고 싶어'였어. 그래서 회사를 그만두고 유튜브를 시작하게 된 거야.

모두 하고 싶은 것을 잊어버린 채 살고 있지 않니? 취업 준비를 하면서 대학의 전공에 얽매여서 진로를 결정하는 사람도 있을 거야. 길은 무수히 많아. '이게 아니면 안 돼'라고 할 만한, 유일한 답은 없어. 어떤 길이어도 좋아. 중요한 것은 자신의 인생에 만족하는 거야. 완전히 연소되는 삶을 사는 거지. 나는 '하나오와 함께 유튜브로 완전히 연소되고 싶어!'라고 생 각했어. 그런 강렬한 마음으로 진로를 바꾸었고 지금은 힘차게 나아가고 있지. 너희들도 나와 함께 완전히 연소되는 인생을 살아 보는 게 어때?

# 왜 대학에 가야 하는지 모르겠어요

 난 진심으로 대학에 가든 안 가든 상관없다고 생각해. 하지만 사회 분위기상 대학에 가는 사람이 늘고 있어. 그래서 대학에 간다는 것의 의미를 다시 한번 생각해 보고 싶어.

나도 그렇지만, 우리는 모두 공부하는 걸 좋아하지?

맞아, 맞아.

나는 공부하려고 대학에 갔어.

나도 그래.

하지만 공부를 하고 싶지 않은데도 대학에 가는 사람도 많을 거 같아.

사실은 그쪽이 더 많지 않아? 그건 그거대로 괜찮다고 생각해.

나는 대학 졸업 후에 회사에 들어갔잖아? 그때 입사 동기 중에는 고졸, 대졸, 석박사까지 모두 있었어. 근데 고졸이었던 동기가 자기한테 요구하는 수준이 갑자기 높아져서 기가 죽는다고 한 적이 있어.

대학생 때는 세상을 바라보는 시간이 늘어나잖아.

시간이 많으니까 하루를 어떻게 보낼지 생각하고.

일단 인생에 대학을 넣는 것으로 인생이 미분가능해지는 건지도 몰라. *120쪽에서 설명

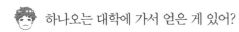 하나오는 대학에 가서 얻은 게 있어?

 너희들을 만날 수 있었던 거?!

 ㅋㅋㅋ

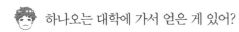 뭐야, 그 박력 있는 말투는! ㅋㅋㅋ 근데 나도 하나오를 만난 것이려나.

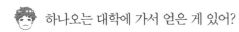 뭐야, 그 어설픈 수작은! ㅋㅋㅋ 솔직히 나도 대학에 갔으니까 너희들을 만날 수……

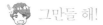 그만들 해!

 ㅋㅋㅋ

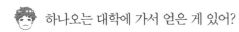 근데 이 고민을 해결하는 데 수학이 필요할까? 원한다면 나 혼자 30분 정도는 얘기할 수 있는데…….

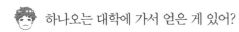 그럼 하나오 씨, 부탁드립니다. ㅋㅋㅋ

독백

**대학에 다니는 시기는 한숨 돌리는 때**라고 표현하고 싶어. 고등학교, 수험 생활, 취직까지 한 번에 이어진다면 쉴 틈이 없는 거잖아. 마치 유튜버가 매일 영상을 업로드하는 것 같은 스케줄이야. 만약 그렇게 해야 한다면 중간에 버티지 못하고 포기하거나, 자신의 활동을 다시 생각해 보고 싶어질 거야. '내 영상은 정말 이대로 괜찮은 걸까?', '이게 정말 내가 하고 싶은 일인가?' 하고 말이야. 뮤지션들도 그런 마음으로 다들 공백기를 가지잖아. 그런 시간이 반드시 필요하다고 생각해. 그게 대학 시절이라고 할 수……

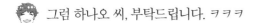 그만, 그만~! 언제까지 계속할 작정이야?

## 그 고민, 우리라면 **수학**으로 해결합니다!

 나는 지금 대학생이니까 사회인의 마음은 이해하지 못하지만, 아까 덴간이 한 이야기에는 공감해. 수학적으로 설명해 보면 이런 식이야.

### 대학은 인생을 미분가능하게 만든다 <미분>

수학에 약한 사람들은 **미분**이라는 말만 들어도 거부 반응을 일으켜. 하지만 미분이란 쉽게 말해 **기울기**에 대한 거야. 그리고 **미분가능**이란 **기울기**가 **완만**하다는 뜻이지. 중학교, 고등학교를 마치고 갑자기 사회로 나가면 학교와는 너무 차이가 나서 주눅 들기 쉬울 거야. 중·고등학교에서는 학교가 학생들을 이끌었지만, 사회에서는 개인이 주도적으로 행동하기 원하기 때문이야. (그림 1)

한편, 대학은 자유 시간이 많기 때문에 아르바이트를 하거나 동아리 활동을 하거나 다양한 사람들과 만날 수 있어. 즉, 사회를 미리 체험해 볼 수 있는 거지. (그림 2)

그림 1과 비교해서 그림 2의 그래프는 **완만하게 이어져.** 즉, 미분가능하다는 말이지. 대학에 감으로써 인생이 미분가능해지고 순조롭게 사회로 들어갈 수 있는 거야.

   오, 설득력 있어~

 대학생이라는 신분은 최강이라는 의견도 있으니까.

위험 부담이 없고 실패해도 괜찮은 게 대학생의 특권이지. 물론 법을 위반하는 행동만 아니면 말이야.

속박되지 않은 자유로운 신분이고 시간도 많아. 그러니까 더더욱 어떻게 보낼 것인지가 중요한 거야.

하나오, 왠지 열정적이네. ㅋㅋㅋ

아직 못한 이야기가 많나 봐. ㅋㅋㅋ 자, 계속 말씀해주세요.

독백

일본은 10년 전까지만 해도 종신 고용이 보장되어서 회사에 한 번 들어가면 정년까지 일하는 게 일반적이었어. 하지만 지금은 많은 사람이 이직을 하지. **여러 선택지가 있기 때문이야.** 나쁘게 말하면 선택의 폭이 너무 넓어서 무엇을 하면 좋을지 모르는 것이지만, 좋게 말하면 **자신이 직접 고를 수 있는** 시대인 거야. 즉, 능동적으로 생각하고 행동하지 않으면 안 되는 시대가 된 거지. **임기응변에 강하고 유연한 인생**이라고도 말할 수 있을 거야. 그러니까 대학에 반드시 가야 하는 건 아니지만, 자신의 인생에 대해 고민할 수 있는 자유로운 신분과 시간을 확보하는 데 대학은 최적의 기관(시기)이라고 생각해. 내가 유튜브를 시작한 것도 대학 때이고 말이야. 덴간, 김효준, 승을 만난 것도 대학 덕분이야.

꽤 좋은 이야기잖아. ㅋㅋㅋ

난 조금 올 뻔했어. 사실은 눈물이 좀 났다고. ㅋㅋㅋ

나는 대학이란 자신의 약점을 발견하고 보완하는 시간이라고 생각해. 다른 사람과 만나지 않으면 자신의 약점을 발견할 수 없으니까 말이야. 사실은 나 역시 친구들과 어울리면서 내 약점을 알게 되었거든……. 그래서 준비한 게 '만남이 사람을 단련시킨다' 이론이야.

## 그 고민, 우리라면 **수학**으로 해결합니다!

### '만남이 사람을 단련시킨다' 이론 〈지수함수〉

저마다 가지고 있는 고유의 매력은 다르겠지만, 나 같은 경우는 초기 매력이 마이너스라고 생각하니까 임의로 '$-b$'라고 할게.

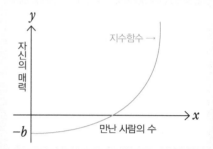

많은 사람을 만날수록 매력은 점점 늘어나. 사람들과 어울리면서 자신의 결점을 발견할 수도 있고, 다른 사람의 좋은 부분을 보고 배울 수도 있기 때문이야. 누군가를 만나지 않고 혼자 지낸다면 자기자신을 돌아보지도 못하고 다른 사람의 장점을 알기도 어려워. 또한 자신의 매력을 다른 사람에게 인정받지도 못하지. 그러니까 자기만의 매력은 다른 사람에 의해서 단련되는 거야.

이건 85쪽에서 하나오가 이야기한 루이다 주점 이론과 기본적으로 비슷한 이야기야. 나는 대학에서 다양한 사람들을 만났어. 그리고 조금씩 매력이 늘어났고, 지금은…… 성장세인 것 같아(내 입으로 말하려니 쑥스럽지만 ㅋㅋㅋ).

 뭐야! 이것도 엄청 좋은 얘기잖아! ㅋㅋㅋ

 하나오의 끓어오르는 열정 때문에 모두 이상해진 것 같아. ㅋㅋㅋ

그래도 김효준, 자신을 너무 나쁘게 이야기하지 마. ㅋㅋㅋ 너의 초기 매력은 마이너스가 아니라고.

또다시 감동의 눈물이ㅋㅋㅋ

하나오, 아까 했던 이야기를 수학으로 설명할 수 있어?

물론이지. 이름하야 풍요로운 인생 설계 이론.

## 풍요로운 인생 설계 이론 <벡터>

대학 생활을 예로 들어 볼까?

① 수업만 열심히 들은 사람
② 열심히 수업을 듣고, 아르바이트도 하고, 동아리 활동도 하고, 친구들과 놀러 다니고, 연애도 한 사람

둘 중에 어느 쪽이 매력적인 것 같아?
아마 ②일 거야. 그건 ②인 사람의 인생의 폭이 넓기 때문이지. 그 사실을 그림으로 표현해 봤어.
'↱'는 벡터인데, 여러 방향으로 벡터를 보냄으로써 인생의 폭이 넓어지지.

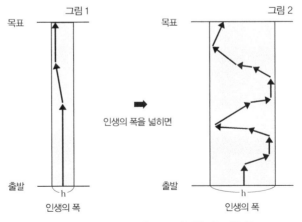

직사각형의 넓이가 넓을수록 인생은 풍요롭다!

그림 1은 도전하지 않는 사람의 인생이야. 벡터만 보면 깔끔한 그림이지만 결과적으로는 폭이 좁은 인생이 될 것 같아. 반대로 그림 2는 벡터의 방향과 길이가 제각각이고 언뜻 쓸모없어 보이는 것도 많고 목표 지점까지 돌아가는 것처럼 느껴지지만 결과적으로는 인생의 폭이 넓을 것 같아.

벡터가 많으면 자기가 하고 싶은 일이나 자기에게 어울리는 일을 발견하기 쉬워. 게다가 다른 사람의 마음이나 입장을 이해할 수 있게 된다고 생각해.

 요즘 사회는 모두 최단 거리만 생각하는 것 같아.

 정말 그래! 하지만 멀리 돌아가는 것도 필요한 법이지. 대학은 걱정 없이 돌아갈 수 있는 시기인지도 몰라. 그러니까 만약 대학에 가게 된다면 최선을 다해서 여러 가지 일에 도전해 보면 좋을 것 같아.

   멋진 말이야!

 정리

이번 고민에서는 하나오의 뜨거운 열정에 끌려다녔는데, 결국 전부 다 좋은 이야기였어.
대학에 갈 거라면 그 시기를 효과적으로 활용해 봐. 인생에서 대학 시절만큼 자유로운 시간은 없거든. 가만히 있어도 시간은 가지만, 이것저것 해 보면 그만큼 인생의 폭은 넓어져. 그리고 다른 사람과의 만남으로 자신을 성장시킬 수도 있지. 물론 대학 말고도 성장할 수 있는 곳은 많을 거야. 하지만 대학에 갈지 말지가 고민이라면 가는 걸 추천해. 그리고 여러 가지에 도전해 본다면 정말 좋을 거야.

# 미분이란?

120쪽에서 '미분이란 기울기'라고 설명했는데, 미분에 대해서 좀 더 알아보자.

나는 오사카에서 도쿄까지 고속 열차(신칸센)를 타고 갈 일이 많은데, 그때의 이동 거리는 약 550km, 이동 시간은 약 2시간 30분이야. 그럼 여기서 문제를 낼게.

[문제] 이 고속 열차의 속력을 구하라.

초등학생도 풀 수 있는 문제야. 속력＝거리÷시간, 550÷2.5=220km/h, 시속 220km이지.

하지만 이건 고속 열차의 실제 속력이 아니야. 오른쪽 그림을 봐. 고속 열차는 신오사카역을 출발해서 교토, 나고야, 신요코하마, 시나가와에서 정차하고 도

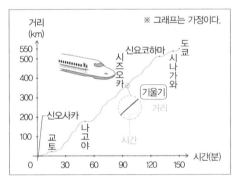

쿄에 도착해. 역에 정차하기 전이나 출발할 때는 천천히 달리고, 커브에서도 속력을 줄이지. 정차 중에는 속력이 0이야. 즉, 시속 220km라는 것은 '총 거리'를 '총 시간'으로 나눈 평균 속력이야. 실제로는 순간순간 평균보다 빠르게 달리거나 느리게 달리고 있어. 그리고 미분을 사용하면 특정한 순간의 속력을 알 수 있지. 예를 들어 시즈오카의 한 지점을 통과할 때의 속력 같은 거 말이야.

이렇게 각 점에서의 기울기(변화의 비율)를 미분이라고 해. 기울기는 무엇을 나타내는 걸까? 이번 문제에서는 기울기가 클수록 짧은 시간 동안 많은 거리를 달린다는 의미야. 즉, 기울기가 속력을 나타내는 거지. 가령, 시즈오카역의 플랫폼 길이가 450m이고 그곳을 6.5초 만에 통과했다면, 그 순간의 속력은 시속 249.2km라고 계산할 수 있어. 이렇듯 미분은 더 자세한 자료를 얻고 싶을 때 아주 유용해.

# 부자가 되고 싶어요

'나에게 돈이 많다면……'이라는 생각은 누구나 해 봤을 거야. 어마어마한 부자와 그럭저럭 돈을 버는 사람 사이에는 어떤 차이가 있을까? 솔직히 잘 모르겠지만, 일단 이야기를 나눠 볼까?

엄청나게 돈을 버는 사람은 엄청나게 돈을 좋아한다는 이미지가 있어.

엄청나게 맞는 말이야.

만지는 것도 좋아하고, 보는 것도 좋아하고.

완전 반대의 이미지도 있어. 돈은 그저 따라오는 것일 뿐이라고 생각한다거나…….

둘 다 맞지 않아?

근데 이 고민은 좀 어렵네.

부자가 되고 싶은 건지, 돈이 없어서 힘든 건지, 상황에 따라서 해결책은 다를 테고 말이야.

그럼 우선 학생 수준에서 돈이 없는 사람을 예로 생각해 볼까? 나한테 좋은 아이디어가 떠올랐어.

오호~ 어떤 거야?

그게 말이야…… 근력 운동을 하는 거야.

뭐라고?

## '근력 운동을 하면 돈이 모인다' 이론

근력 운동은 돈이 없어도 시작할 수 있다.

↓

근력 운동을 하면 근육을 키우고 싶기 때문에 식생활이 바뀐다.

↓

불필요한 지방을 늘리고 싶지 않기 때문에 과자를 먹지 않게 된다.
고기 중에서는 저렴한 닭가슴살을 좋아하게 된다.

↓

조금씩 돈이 모인다.

  ㅋㅋㅋ

 티끌 모아 티끌이잖아, 이 이론. ㅋㅋㅋ

 ㅋㅋㅋ 근데 그렇게 티끌은 아니야.

검증
〈곱셈〉

예를 들어 일주일에 두 번씩 간식을 먹었다고 해 보자.
1,200원짜리 감자칩을 한 봉지씩 먹은 거지.

일주일에 2번이니까 1,200원 × 2번 = 2,400원

한 달은 4주니까 2,400원 × 4주 = 9,600원

일 년이면 9,600원 × 12개월 = 11만 5,200원

 정말이네?

 굉장하지? 이게 바로 근력 운동의 효과야! 덤으로 근육까지 얻을
수 있지!!! ㅋㅋㅋ

127

# 그 고민, 우리라면
## 수학으로 해결합니다!

실제로 계산해 보고 숫자를 확인하는 건 중요해.

직감과 다른 사실을 숫자를 통해 이해할 수 있지!

그거야!

또 하나, 우선순위를 정하는 것도 중요해. 이런 이론은 어떨까?

> ### '가지고 싶은 게 있다면
> ### 일단 메모하라' 이론 <비교>

갖고 싶은 물건을 발견했다면 바로 사지 말고 일단 메모를 하자.

〈메모의 수학적인 위력〉
① 우선순위를 정할 수 있다(비교).
② 가지고 싶은 물건의 총액을 눈으로 확인할 수 있다.
③ 정말 원하는 것인지, 필요한 것인지 알 수 있다.
  ↓ 그 결과
④ 불필요한 소비가 줄어든다.
⑤ 돈이 모인다.

그렇구나~ 초등학생 같은 방법이긴 하지만. ㅋㅋㅋ

학생들은 나처럼 대부분 돈이 없으니까.

단순해 보이지만 이런 게 의외로 중요할지도 몰라.

돈에 관련된 일이라면 기댓값으로 생각해 보는 것도 좋은 방법이야.

## 어느 쪽이 득인지 생각해 보자 <기댓값>

학생 신분이라면 도박은 하지 않겠지만, 알아 두면 도움이 되는 게 기댓값으로 사고하는 법이야. 도박으로 크게 잃는 사람도 있으니까.

**질문**

주사위를 한 번 던져서 6이 나오면 10,000원,
1~5가 나오면 0원을 받는다.
참가비는 2,000원이다.
이런 게임이 있다면 도전하겠는가?

이때 기댓값을 알면 도움이 돼. 기댓값이란 쉽게 말해 (확률)×(결과)의 값을 모두 더하는 것이야. 위에서 소개한 게임의 기댓값을 계산해 볼게.

10,000원을 받을 확률은 1/60원을 받을 확률은 5/6
따라서

$$\left(\frac{1}{6} \times 10,000원\right) + \left(\frac{5}{6} \times 0원\right) = \frac{500}{3} \ (\fallingdotseq 1,700원)$$

수학적으로 표현하면 기댓값은 약 1,700원이야.
즉, 이 게임에서는 1,700원을 벌 거라고 기대할 수 있어. 하지만 참가비가 2,000원이니까, −300원이 되고 말지.
그러니까 이런 게임은 하지 않는 게 좋아.

   오호~!

 일회천금을 바라는 마음이 진정되는 걸. ㅋㅋㅋ

 일확천금이라고 말하고 싶었던 거지? ㅋㅋㅋ

 돈은 자기자신에게 약한 사람을 무시해. 그러니까 '왠지 돈을 벌 수 있을 것 같아'라며 쉽게 생각하는 사람은 언젠가 호되게 당하는 날이 올 거야. ㅋㅋㅋ 반대로 돈은 자기자신에게 엄격한 사람을 좋아하지.

정말? 재밌는 이야기네.

 수학은 아니지만 한번 들어 볼래?

### 돈을 사랑하면 부자가 된다 <주문>

돈에 약한 사람은 결국 **돈을 사랑하지 않는 거야**. 그러니까 돈이 도망가는 거지. 하지만 돈에 엄격한 사람은, 극단적인 예를 들자면 더치페이도 10원 단위로 정확하게 하지. 그러니까 돈이 모이는 거야. 돈에 진심이고 돈을 사랑하는 거지. 부자가 되고 싶다면 돈을 사랑하면 돼. 돈을 사랑하기 위해서는 하루에 한 번, 노트에 "나는 돈을 좋아해"라고 적으면 되고.

 ㅋㅋㅋ

 주문이야, 뭐야. 자기 암시야? ㅋㅋㅋㅋ

 넌 하고 있어?

 나도 안 하지. ㅋㅋㅋ

 ㅋㅋㅋ

 어쨌든 돈을 진심으로 대하는 건 중요하지?

 돈의 가치를 안다는 거니까. 수식으로 표현하면 이렇게 돼.

가치∝돈

가치는 돈에 비례한다는 의미야.

 정말 맞는 말이야. 돈이라는 게 가치와 교환하는 거니까. 월급도 기본적으로 그 사람의 가치에 맞추어서 지불하는 거고……

 그럼 실제로 계산해 볼까?

**검증** 아르바이트를 열심히 하면 얼마나 벌 수 있을까?!

여러 가지 아르바이트가 있겠지만, **예를 들어** 식당에서 서빙을 한다고 해 보자.
24시간 365일 **연중무휴에 잠도 안 자고** 일하는 거야. 시급은 15,000원.
15,000원 × 24시간 × 365일 = 1억 3140만 원

 ㅋㅋㅋ

 불가능해. ㅋㅋㅋ 쉬지도 않고 잠도 안 자면서 일하면 죽는다고.

 완전히 악덕 업소잖아, 그 식당. ㅋㅋㅋ

그럼 조건을 바꿔 볼게.
12시간, 주 6일 일한다고 해 보자.
$$15,000원 × 12시간 × \frac{6}{7} × 365일 = 56,314,280만 원$$

 이것도 불가능할 것 같은데. ㅋㅋㅋ

 아무리 봐 줘도 이게 상한선이야.

 이걸 보니까 1억을 버는 사람이 얼마나 위대한지 알 것 같아.

 역시 직접 계산해 보는 것만큼 중요한 건 없어.

 이게 바로 수학의 위대함이야!

완전 명대사잖아! 멋있어. ㅋㅋㅋ

좀 다른 이야기지만, 희소한 것에는 높은 값이 매겨지지? 그럼 희소가치가 있는 사람에게도 높은 값이 매겨질까?

희소하기만 하다면 사람들이 안 좋아할 것 같은데. ㅋㅋㅋ

대중을 매료시키는 동시에 그 사람만이 할 수 있는 일이 있는 경우라……

그런 사람이라면 보수를 많이 받을 수 있어!

그런 관점에서 생각해 본 이론이 있지.

## 자신의 희소가치를 높이자 <곱셈>

어떤 사람이 부자가 된다고 생각해? 운이나 인복 등 여러 가지 요인이 있겠지만, 나는 희소가치가 높은 사람일수록 많은 사람이 필요로 하고 돈이 모여들 거라고 생각해. 예를 들어, 지금까지 공부도 열심히 하고 피아노 연습도 성실히 했다고 해 보자(아래 그림 참조).

피아노 실력은 100명 중에서 1등이고 학교 성적은 500명 중에서 1등이라니, 대단하긴 하지만 그런 사람은 꽤 있을 거야. 그러니 아직 희소하다고는 볼 수 없지. 그렇다면 2~3개 정도 다른 분야에서도 실력을 쌓아 보는 거야. 예를 들어 요리사 자격증이나 특수차량 운전면허를 따는 거지. 그러면 '피아노도 잘 치고 공부도 잘하는데다가 요리 솜씨도 좋고 특수차량도 운전할 수 있는' 희소한 존재가 될 수 있을 거야.

예를 들어 피아노로 100만 명 중 1등을 하는 건 굉장한 일이야. 그러니까 돈도 많이 벌 수 있겠지. 하지만 그렇게 되는 건 아주 어려워. 하지만 100명 중 1등이라면 할 수 있을 것 같지 않아? 그걸 세 가지 분야에서 이루어 보는 거야. 그러면 이렇게 되지.

$$\frac{1}{100} \times \frac{1}{100} \times \frac{1}{100} = \frac{1}{1000000}$$

즉, 100만 명 중 1등과 같은 **희소가치**를 가지게 되는 거야.

   그렇구나~!

 그러려면 자신을 단련시키는 자기 투자가 중요하겠네.

 맞아! 자신의 가치를 키우면 높은 연봉은 저절로 따라올 거야.

 그럼 나에게 투자하기 위한 돈을 벌어야 하니까 복권이라도 사러 가 볼까?! ㅋㅋㅋ

   ㅋㅋㅋ 지금까지 뭘 들은 거야?! ㅋㅋㅋ

 정리

이번 고민에서는 두 가지 입장에 대해서 생각해 보았어.
• 돈이 없어서 돈이 필요한 사람을 위한 이론
• 앞으로 돈을 많이 벌고 싶은 사람을 위한 이론

그리고 막연한 생각도 일단 계산해 보면 현실적인 숫자를 통해 이해할 수 있다는 **수학의 위대함**도 확인했지. 또한 **돈은 그 사람의 가치를 반영한다**는 본질적인 부분도 살펴봤어. 아주 의미 있는 토론이 이루어진 것 같아. 그럼 오늘 밤부터 다들 자기 전에 "나는 돈을 좋아해"라고 적어 보는 게 어떨까? ㅋㅋㅋ

수학 또는 우리들 이야기

# 희소가치(희귀성)란 무엇일까?

**문제** 만약 공짜로 받을 수 있다면 다음 중 무엇을 받고 싶어?

① 세상에 하나밖에 없는 보석　　② 강변에 굴러다니는 돌

대부분 ①을 골랐겠지? 아마 세상에 하나밖에 없는 돌이라서 선택했을 거야. 이게 바로 희소가치라는 거야.

이 돌을 인터넷 경매에 올려 보자. 그러면 1,000만 원 → 1억 원 → 10억 원으로 점점 높은 값이 붙을 거야. 희소(희귀)하기 때문이지. 사람이 많이 모일수록 이 희귀한 돌의 가치는 커지고 높은 값이 매겨질 거야.

인간도 마찬가지야. '당신은 희소한 존재다'라고 자신의 강점을 인정받은 사람에게는 많은 돈이 지불되기 때문에 부자가 될 수 있다는 거지.

예를 들어서 나의 강점(희소가치)을 계산해 볼게.

① 오사카대학교 졸업: 일본의 전체 대학 중에서 오사카대학교가 상위 5%라고 한다면 $\frac{5}{100}$

② 구독자 수가 100만 명 이상인 유튜버: 만약 구독자 수가 100만 명 이상인 사람이 200명이고, 일본에 유튜버가 1만 명 있다고 한다면 $\frac{200}{10000}$

③ 이과 계열 유튜버: 유튜브 채널의 카테고리가 50가지라고 한다면 $\frac{1}{50}$

①, ②, ③을 모두 곱하면 나의 희귀성을 숫자로 환산할 수 있어.

$$\frac{5}{100} \times \frac{200}{10000} \times \frac{1}{50} = \frac{1000}{5000000} = \frac{1}{50000}$$

즉, 나라는 존재는 5만 명 중 1명의 확률로 있다는 말이지. 이게 바로 나의 희소가치야.

물론 나라는 사람이 위의 세 가지 요소만으로 이루어진 건 아니니까 이 계산은 아직 진행 중이라고 볼 수 있어.

일본에서 큰 인기를 얻은 노래인 '세상에 단 하나뿐인 꽃'도, 어떻게 보면 희소가치에 대한 이야기야. 노래 제목을 수학적으로 바꿔 말하자면, 전 세계 인구인 77억 분의 1이라는 거지. 우와, 꽤 대단하잖아!!

# 좋아하는 일을 해 보자

'우와, 재밌겠다.'

솔직히 난 이런 마음으로 유튜브를 시작했어. 대학 시절, 후배가 보여 준 동영상을 보고 '나도 해 보고 싶어. 한번 해 보자'라는 가벼운 마음에서 출발했지. 하지만 만약 그때 시작하지 않았더라면 지금의 유튜버 하나오는 없을 거야.

이렇게 관심이 가는 것에 일단 도전해 보는 것이 무엇보다도 중요해. '맛있겠다'라며 눈앞에 보이는 간식을 손으로 가볍게 집어먹듯이, 관심이 가는 새로운 일에 망설임 없이 뛰어드는 사람이 있어. 그건 엄청난 재능이야.

그렇게 흥미를 느껴서 시작한 일 중에서 정말 하고 싶은 일이나 잘하는 일을 발견할 수 있어. 그게 자신의 희소가치를 키우는 데 바탕이 된다고 생각해.

유튜브를 시작했을 때 나는 아무것도 모르는 아마추어였어. 하지만 영상을 만들면서 그 일이 점점 더 좋아졌고 하면 할수록 빠져들었어. 그리고 지금은 유튜브가 나를 이루는 가장 중요한 기둥이 되었지.

내 트위터 프로필에 '콘텐츠 만물상'이라고 쓰여 있듯이, 지금은 다양한 콘텐츠에 관심이 있어.

의상 디자인, 음악, 영화, 책 등 여러 분야에 도전해 보고 싶어. 그러려면 좋은 동료들이 필요해. 그리고 좋은 동료를 얻으려면 자기 안의 열정이 중요해. 열정을 끌어올리려면 먼저 자기 자신을 즐겁게 만들어야 해. 그런 마음이 상대방에게 그대로 전해지니까 말이야.

나는 오사카대의 전자물리과학과에 입학해서 덴간을 만났어. 그리고 같은 동아리에 들어가서 괴로움과 즐거움을 함께했지. 그 인연이 이어져서 지금은 콤비로 유튜브 채널 '하나오·덴간'을 운영하고 있어. 덴간은 나한테 없는 부분을 많이 가지고 있고, 나한테는 덴간에게 없는 부분이 있지. 1억 명이 넘는 일본인들 중에서 얻은, 그야말로 희소한 동료야.

# 사람은 죽으면 어떻게 되나요?

 죽으면 내 영혼은 어디로 가는 걸까? 환생이라는 게 있는 걸까? 왜 이 세상에 내가 존재하는 걸까? 나는 이런 생각들을 자주 하는 편인데, 너희들은 어때?

죽으면 끝. 아무것도 남지 않아. 그럼 이만!

명쾌하네. ㅋㅋㅋ

이 질문은 우리들이 아니라 죽은 사람에게 해야 하는 거지.

바로 그거야! 그러니까 그럼 이만! ㅋㅋㅋ

ㅋㅋㅋ 하지만 죽은 사람은 대답해 줄 수 없으니 우리들이 머리를 맞대서 생각해 보자.

음~ 어려워~

이 책의 편집자에게 들었는데…… 영혼의 무게를 잰 의사가 있었대. 약 100년 전에 미국에서.

무시무시한 이야기네.

사람이 죽으면 그 순간 체중이 몇십 그램 정도 가벼워진대. 그때 줄어든 게 영혼의 무게라는 거지.

정말이야?!

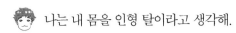 나는 내 몸을 인형 탈이라고 생각해.

 ……

쉽게 말해서, 내 몸은 로봇 태권브이고 영혼은 그 안에 타고 있는 조종사인 거야. 나의 영혼이 나라는 인간을 조종하는 거지.

뭐야 그게! 너무 말이 안 되잖아.

기독교에는 천국과 지옥이라는 개념이 있지?

응.

죽은 사람들이 모두 천국과 지옥에 간다면 머지않아 천국과 지옥이 꽉 차는 건 아닐까 걱정이야.

잠깐만! 너까지 왜 그러는 거야?!

윤회해서 영혼이 몸을 바꾸어 태어난다고 생각하는 편이 공간도 차지하지 않고 논리적이야.

전혀 논리적이지 않거든!

어쨌든 뭐가 사실인지는 아무도 모르는 거잖아.

맞아! 그러니까 어떤 가설이든 가능하고 틀렸다고 볼 수 없지.

나는 죽으면 사라진다고 생각하는 쪽이기는 해.

그렇지!

죽으면 0이 돼. 그러니까 인생은 소중해!

그건 맞는 말이야!

## 그 고민, 우리라면 **수학**으로 해결합니다!

> ### 어느 쪽이 득인지 생각해 보자 <기댓값>

예를 들어 $x^2=-1$인 이차방정식의 답을 알고 있니?
$x$가 $(+1)$이면 $(+1)\times(+1)=(+1)$이 되고, $x$가 $(-1)$이면 $(-1)\times(-1)$ $=(+1)$이 돼.
일반적으로는(즉, 실수 범위에서는) 답(해)이 없지만, 수학에서는 이렇게 표현해.

$$x = \pm i$$

수학에서는 i라는 **있을 수 없는 숫자**가 존재해. 그걸 **허수**라고 부르지. $i^2 = -1$. 제곱해서 $-1$이 되는 숫자라는 건 실체가 없는 거짓 숫자야. 플러스가 되기도 하고 마이너스가 되기도 하는 **유령 같은 숫자.**
왜 현실성을 추구하는 수학이 허수 같은 유령 숫자를 만들었을까? 그건 그런 유령 숫자가 없으면 풀지 못하는 문제가 있기 때문이야. 그러니까 이렇게 말할 수 있어.

현실 세계에서 살고 있는 우리들이 죽음에 대해서 생각하는 것은, 실수 세계에서 허수 i를 생각하는 것과 같은 일이라고 말이야.

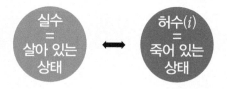

 우리들도 수학에서는 유령 같은 허수를 사용한다는 거지.

 그건 일단 납득하고 넘어가자.

 그래서 내가 생각하는 죽음의 세계는 이런 모습이야.

아무런 근거가 없는 이야기야

# 저 세상에는 영혼의 연못이 있다
### <공허한 이야기>

사람이 죽으면 영혼이 몸에서 빠져나가고, 그 영혼은 저세상으로 날아가. 저세상에는 연못 같은 곳이 있는데 영혼은 연못에 몸을 담그지. 그러고는 다시 누군가의 몸에 들어갈 순서를 기다리는 거야.

 그럼 순서를 기다리던 영혼은 어떻게 되는 거야?

 신의 부름을 받으면 정자가 되는 거지.

  ……　　　　 역시나 말이 안 돼.

덴간의 가설 (계속) <공허한 이야기>

인간은 **영혼**과 **물체(육체)**로 이루어져 있어. 그리고 영혼은 정자, 물체는 난자에서 시작돼.

연못에서 순서를 기다리던 영혼에게 이런 소리가 들려 와.
"5명이 죽었으니 5명을 모집합니다."
그러면 "저요! 제가 갈게요!" 하고 손을 들어. 이때는 먼저 손을 든 영혼이 유리하지. 연못의 신에게 "이번에는 네 차례다" 하고 허락을 받은 영혼은 아버지의 정자에 들어가고, 새로운 생명으로 탄생하는 거야. 이만한 경사가 없지.

 뭐가 경사라는 거야. ㅋㅋㅋ

 생명의 탄생은 축하할 일이잖아. ㅋㅋㅋ

139

덴간은 늘 이런 생각을 하는 거야?

언제나 그러는 건 아니야. 하지만 내 나름대로의 빅뱅 이론이나 절대로 증명할 수 없을 것 같은 현상에 대해서 생각하는 걸 좋아해.

가설을 세우고 풀 수 없는 문제에 도전하는 건 수학의 즐거움이지.

그건 그렇지만⋯⋯

그래서 나도 덴간의 가설에 힘입어 생각해 본 게 있어. 이름하야 영혼 보존 법칙.

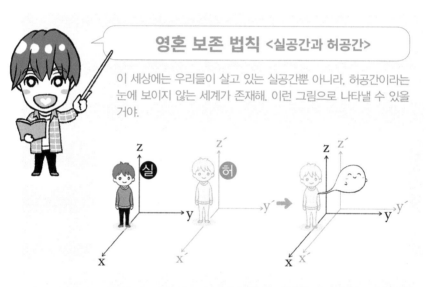

### 영혼 보존 법칙 <실공간과 허공간>

이 세상에는 우리들이 살고 있는 실공간뿐 아니라, 허공간이라는 눈에 보이지 않는 세계가 존재해. 이런 그림으로 나타낼 수 있을 거야.

죽는 순간, 영혼은 육체를 빠져나가고, 육체는 한낱 물체의 상태가 되고 말지. 물체는 실공간에 그대로 남아. 또한 **몸속에 남아 있던 에너지**도 실공간 속으로 사라져. 결국 육체도 화장되어 없어지는데, 그 순간에 열에너지로 변환되거나 연기가 되는 등 형태를 바꾸어 실공간 속으로 녹아들어. 한편, 육체를 벗어난 영혼은 허공간에 보존돼. 에너지처럼 형태가 없는 상태로 말이야.

이해가 될 듯 말 듯해. ㅋㅋㅋ

 가설이니까 뭐. ㅋㅋㅋ

 난 완전히 이해했어. ㅋㅋㅋ

 ㅋㅋㅋ　

하나오의 가설 (계속) 〈공허한 이야기〉

인간은 다음과 같은 구조로 되어 있어.

$$\text{인간} = \underset{\text{육체+에너지+영혼}}{\text{실공간}} + \underset{\substack{\text{실체가 없는 몸} \\ \text{+에너지+영혼}}}{\text{허공간}}$$

몸을 움직이는 것은 현실 세계의 에너지이고, 사랑의 힘이나 희로애락 같은 감정, 생각은 현실 세계의 영혼 안에 있어. 그리고 실공간과 허공간은 동전의 양면과 같지.

사람이 죽으면 영혼은 허공간에 잠시 머물렀다가, 다시 태어나면서 실공간으로 돌아가.
엄마 배 속에 있는 아기는 허공간에 있는 것들을 조금씩 흡수하면서 자라는 거야.

 응응! 그렇구나, 그런 거였어!

 뭐, 가설이니까 일단 인정은 할게. ㅋㅋㅋ

 어디까지나 상상일 뿐이야. ㅋㅋㅋ

# 그 고민, 우리라면
## 수학으로 해결합니다!

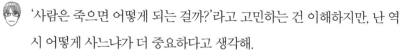
'사람은 죽으면 어떻게 되는 걸까?'라고 고민하는 건 이해하지만, 난 역시 어떻게 사느냐가 더 중요하다고 생각해.

맞아! 내가 아까부터 죽음 이야기에 부정적이었던 건 그래서였어!

그래서 나도 이론을 만들어 봤어.

## '살아라, 인생은 아름답다' 이론 <적분>

인생에는 우여곡절이 있어. 좋은 때가 있으면 나쁜 때도 있는 법이지. 그래프로 나타내면 아래와 같아.

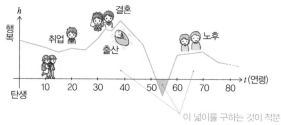

이 넓이를 구하는 것이 적분

나의 이론은 이러한 인생의 행복 함수를 적분하자는 거야. 함수를 적분한다는 건 쉽게 말해 그 넓이를 구한다는 뜻이야. 예를 들어, 다음과 같은 두 가지 인생이 있다고 해 보자.

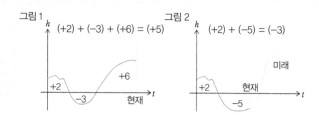

이 이론에서는 세로축의 0보다 위쪽 부분의 넓이를 플러스, 아래쪽 부분의 넓이를 마이너스로 계산해.

그림 1은 전체 넓이가 0보다 큰 행복한 사람이라고 할 수 있어.

그림 2는 넓이가 0보다 작으니 현재는 불행할지도 몰라. 하지만 지금이 밑바닥인 것 같아도 다음에 무슨 일이 일어나는지에 따라서 행복함이 급상승할 수도 있어. 그러니까 포기하면 안 돼.

넓이 > 0 살아라. 인생은 아름답다!

넓이 < 0 죽지 마. 미래는 모르는 거야!

아무리 발버둥 쳐도 괴로울 때에는 이 이론을 떠올려 보자!

 김효준의 이론에 덧붙일 게 있어.

### 카오스 이론 〈나비 효과〉

카오스란 수학 용어로, 아주 작은 차이가 예상하지 못한 결과를 불러일으킨다는 거야.

∴ 인간은 수학적으로도 '흔들리는' 존재인데, 언제 어떻게 흔들릴지는 예측할 수 없어.

따라서

 우와~!

 정리

 '사람은 죽으면 어떻게 되나요?'라는 고민이었는데, 결론은 '살아라'로 끝맺게 되었어. 미래는 누구도 예측할 수 없어. 게다가 아주 작은 차이 때문에 결과가 크게 바뀌기도 하지. 그러니까 인생을 비관하지 말고 즐겨 보자고. 이건 우리들이 아니라 수학이 전해 주는 메시지야.

# 적분이란 무엇일까?

$$S = \int_a^b f(x)\,dx$$

'적분' 하면 어떤 이미지가 떠오르니?

'고등학교 수학의 최대 난관', '무슨 소리야', '하나도 모르겠어!'…….

이과생인 우리들이 보기에도 적분은 미분과 함께 이해하기 어려운 분야 중 하나인 건 분명해. 고등학생 중에 제대로 알고 있는 사람은 상위 1%도 안 될 거야. 그래서 이번엔 적분을 어떻게든 이해하기 쉽게 설명해 보려고 해. 먼저 대략적으로, '적분하면 넓이(부피)를 알 수 있다!'라는 걸 기억해 줘. 이렇게 말해도 이해는 잘 안 되지? 그럼 다음의 예를 보자.

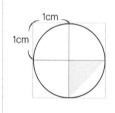

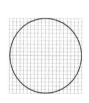

한 변이 2cm인 정사각형 안에 원이 그려져 있어. 이 원의 넓이는 얼마나 될까?

눈으로만 봤을 때는 2cm×4cm＝4cm²인 정사각형보다 작고, 파란색으로 칠해진 삼각형(0.5cm²) 4개를 합친 2cm²보다 크다는 것을 알 수 있어. 하지만 두 답 사이에 차이가 많이 나니까 정확하지 않아. 그래서 이번에는 같은 크기의 원을 1mm 단위의 칸 위에 그려 보았어. 칸의 개수를 열심히 세어 보니 276개 이상 344개 미만이야. 1칸은 1mm²이니까, 276mm²(2.76cm²)보다 크고 344mm²(3.44cm²)보다 작다는 것을 알 수 있어. 아까보다 답의 범위가 줄어들었어.

칸의 크기를 한없이 작게 만들어서 위와 같은 작업을 한다면 오차는 점점 작아지고 정확한 넓이를 구할 수 있을 거야. 이렇게 작게 나눈(分) 칸을 쌓아서(積) 개수를 세는 것을 수학적으로 '적분(積分)한다'고 말하는 거야.

반대로, 미분은 큰 것을 작게 나누어 보는 것이지. '미적분'이라고 한 단어처럼 쓰고 있지만 사실은 완전히 반대되는 일을 하고 있는 거야.

# 마치며
*******

이 책에서는 구체적인 계산법보다 일상적인 고민을 수학으로 해결하는 데에 중점을 두고 이야기를 풀었어. 억지스러운 부분도 있었지만, 조금은 수학이 좋아지지 않았니?

많은 학생이 지금 이 순간에도 수학이라는 과목에 좌절하고 있어. 한편, 세상은 눈부신 기술의 발전으로 수학을 이해하지 못하면 본질을 파악할 수 없는 사회가 되어 가고 있지. 그래서 더욱더 수학에 대한 이해가 필요해.

지금까지 수학을 장난감처럼 가지고 놀면서 여러 고민을 해결해 보았는데, 이 책을 통해 수학에서 도망친 사람들이 '내 주변에도 어디에나 수학이 있었구나, 의외로 재밌었어' 하고 느낄 수 있다면 좋겠어(가끔 물리나 화학도 등장하긴 했지만ㅋㅋㅋ).

맞아! 아무리 난해한 수식이라도 즐기겠다고 마음만 먹으면 즐길 수 있는 거야.

이 책을 읽으면서 수학의 재미를 깨닫고 스스로 수학 공부까지 하게 된다면 더할 나위 없이 기쁠 것 같아.

우리 네 사람의 추억이나 학창시절 에피소드도 많이 이야기했지? 학생들을 대상으로 한 동영상을 만드는 우리들이기에 전할 수 있는 메시지가 있다고 생각했거든. 우리들의 경험이 조금이라도 도움이 되면 좋겠어.

끝까지 읽어줘서 정말 고마워.

앞으로도 변함없이, '수학으로 놀자'를 다양한 곳에서 몸소 실천해 나갈게. 물론 최전선에는 유튜브라는 플랫폼을 두고 말이야.

수학에는 자신이 없던 여러분이 조금씩 수학에 흥미를 가지고 더 공부하고 싶어지기를 바랄게.

그럼, 모두 안녕!

수학 유튜버들의 기발한 수학 사용법

# 그 고민, 우리라면
# 수학으로
# 해결합니다!

초판 1쇄 발행 2021년 8월 20일

지은이 하나오 · 덴간 · 김효준 · 승
옮긴이 이정현
편집 한정윤
디자인 엘비스
펴낸이 정갑수

펴낸곳 열린과학
출판등록 2004년 5월 10일 제300-2005-83호
주소 06691 서울시 서초구 방배천로 6길 27, 104호
전화 02-876-5789    팩스 02-876-5795
이메일 open_science@naver.com

ISBN 978-89-92985-83-3  03410